Les angoisses d'un vieux platane en quête de postérité

Claude Joseph

Les angoisses d'un vieux platane en quête de postérité

Déambulation littéraire botanique

L'Harmattan

Du même auteur

Du sang à la coopérative, Edilivre, 2014.

5-7, rue de l'Ecole-Polytechnique, 75005 Paris

http://www.harmattan.fr
diffusion.harmattan@wanadoo.fr

ISBN : 978-2-343-09807-4
EAN : 9782343098074

Un grand merci

à Annie qui, une fois de plus et pas seulement par professionnalisme, n'a pas hésité à passer énormément de temps sur ce projet pour en éliminer bon nombre d'imperfections ;

à Jean-Jacques qui, après avoir égaré puis retrouvé le manuscrit, l'a corrigé sans complaisance et avec célérité ;

à Annie-Claude qui, en recouvrant ces lignes d'encres multicolores, n'a manifestement rien perdu de ses automatismes d'enseignante.

Prologue interrogatif

Et après moi ?

« En ce début des années 1980, confortablement installé depuis des lustres dans le cadre enchanteur du Jardin des Plantes de Paris, je devrais me considérer comme un être pleinement satisfait de sa condition. Mon environnement quotidien est en effet constitué par ce grand domaine, charmant au demeurant, qui s'étend de la gare d'Austerlitz au campus universitaire de Jussieu. Cet immense parc est délimité sur trois de ses côtés par des rues dont le nom fait référence aux plus grands naturalistes français des siècles passés : Buffon, Cuvier et Geoffroy Saint-Hilaire. Planté entre la grande serre et une sortie rue Cuvier, vieux platane de près de deux siècles, je côtoie des arbres, âgés certes, mais pour la plupart d'entre eux, moins que moi.

* *
*

Si nous sommes ainsi parvenus en excellent état physique à des âges que les êtres humains nous envient, c'est parce que nous avons bénéficié de conditions de développement particulièrement favorables. Les jardiniers chargés de notre entretien nous ont apporté toute l'attention d'une mère envers ses enfants. Nous n'avons jamais manqué de nourriture mais nous ne l'avons, en revanche, jamais reçue en excès. En fait, nous autres végétaux chlorophylliens, ne sommes guère exigeants. Nous nous contentons du gaz carbonique atmosphérique pour synthétiser les sucres dont nous avons besoin pour assurer nos activités : c'est ce que les physiologistes végétaux appellent la photosynthèse. Quant à l'eau indispensable à la vie, nous la puisons dans le sol. Même en période de sécheresse, grâce à notre système racinaire profondément développé dans notre support de culture, nous ne rencontrons pas de déficit hydrique susceptible de mettre en jeu un quelconque pronostic vital. Ce personnel technique dévoué auquel nous devons beaucoup ne connaît pas notre longévité. Après leur disparition ou leur mise à la retraite, de nouvelles figures sont venues remplacer les anciennes. Les passages de témoins se sont toujours déroulés sans la moindre difficulté. Bien sûr nous avons regretté les départs mais dans le même temps nous avons accueilli les successeurs avec enthousiasme. Pour ne pas rompre totalement les liens qui nous ont unis, nombreux sont ceux qui, ayant cessé leurs fonctions, reviennent sur les lieux de leurs activités professionnelles antérieures uniquement pour nous retrouver. A chacun d'entre nous, ils adressent quelques paroles à haute voix. Ils veulent simplement nous rappeler que leur mission a été un véritable plaisir et non une charge. Ils nous caressent lentement et affectueusement l'écorce à l'image de l'amoureux qui câline la nuque de sa compagne. En dehors des conditions de culture propices, nous devons humblement reconnaître que nous n'avons pas souffert de déchaînements climatiques délétères. Certes, nous avons connu des vents violents mais pas de tempêtes dévastant tout sur leur passage, déracinant les plus beaux exemplaires ligneux en place. Lors des épisodes où les bourrasques ont atteint des vitesses particulièrement élevées, les bâtiments environnants ainsi que l'ensemble des plantations proches, ont certainement créé un écran de protection efficace nous isolant, au moins partiellement mais suffisamment, des phénomènes. Par ailleurs, contrairement à nos cousins platanes bordant les axes routiers, nous n'avons jamais été soumis aux chocs brutaux, traumatisants voire mortels pour nous, des automobiles dérapant sur la chaussée. Par chance également peut-être, nous ignorons totalement les pathologies d'origine biotique ou non. Les épidémies constituent des exceptions dans le monde des arbres.

De plus, en dehors de celles de nos intimes amis jardiniers, les présences humaines perpétuelles ont contribué à créer et à maintenir pour nous un climat serein épanouissant. Les visiteurs venant nous observer ont toujours eu des mots d'admiration à notre égard à la lecture de la petite plaque fixée sur notre tronc où figurent notre patronyme et notre état civil. Concernant cette dernière, comme le rappelle Yves-Marie Allain dans son ouvrage « Une histoire des jardins botaniques entre science et art paysager », Matthieu Galey a écrit dans son « Journal » : « Les arbres du jardin des Plantes, qui portent respectueusement leur carte de visite à la boutonnière, sont comme des congressistes novices un peu gênés, un peu fiers aussi ». Ces personnes donc qui viennent à notre rencontre, nous ont comblés de prévenances en exprimant leur surprise et leur plaisir de constater qu'au bout d'une durée de vie aussi longue, nous puissions faire montre encore d'autant de vigueur. Contrairement à eux, après deux siècles, nous sommes aptes à croître, à fleurir donc à nous reproduire. Nos organes aériens ne portent pas de stigmates de notre âge avancé : pas de rides, pas de taches marquant la sénescence, en un mot pas de dégradations de notre appareil architectural. Outre les curieux venus en grand nombre nous contempler, les mamans accompagnant leurs enfants dans le jardin apportent une note d'esprit de famille correspondant tout à fait à ce que nous vivons dans notre « maison de retraite » installée dans ce parc. Les cris joyeux, les rires des bambins concourent à entretenir en nous une jeunesse indifférente, en apparence seulement, aux effets du temps qui s'écoule. Enfin, les joggeurs ou encore les amoureux s'embrassant inlassablement sous nos ramifications, se satisfont de l'ombre et de la quiétude que nous leur offrons. Ce bien-être, ce bonheur, ils nous les communiquent, ce qui conforte en nous la poursuite incessante de nos activités biologiques.

Par conséquent, j'ai vécu jusqu'à ce jour dans un contexte particulièrement faste à mon épanouissement. Comme l'optimiste Pangloss du « Candide » de Voltaire je devrais pouvoir affirmer que pour moi « tout est pour le mieux dans le meilleur des mondes possibles ». Que nenni ! J'angoisse !

* *
*

Moi qui vis ici entouré d'autres arbres où je reçois des visites quotidiennes de divers animaux et d'êtres humains, la perspective d'un éventuel abandon de cet entourage pour lequel j'ai développé une véritable addiction, m'effraie. Lorsque dans la journée je n'entends plus les oiseaux nocturnes communiquer entre eux, je crains qu'ils se soient éloignés pour aller s'installer pour toujours ailleurs. A la tombée de la nuit j'appréhende : vais-je entendre à nouveau leurs voix ou bien le silence diurne va-t-il inexorablement devenir définitif ? Quel soulagement quand retentit le premier hululement crépusculaire ! Dans le même ordre d'idée, en septembre, au moment où les hirondelles se rassemblent sur les fils électriques pour préparer le trajet de leur futur périple vers des cieux plus cléments, une question lancinante m'obsède : les reverrai-je au printemps prochain ? Auront-elles alors à nouveau le désir de nicher autour de nous ou éliront-elles domicile ailleurs ? Je crains en fait de voir s'éloigner mon statut de quasi confident que m'ont accordé au fil du temps ceux qui ont ressenti le besoin de m'approcher. Parmi eux certains sont venus par pure amitié, avec la seule idée de partager un agréable moment commun. D'autres sont arrivés pour demander un conseil, une approbation, un point de vue. Enfin, quelques-uns se sont confiés à moi pour partager un fardeau trop lourd à porter seul et tenter de s'en libérer au moins en partie.

Un autre sujet d'inquiétude résulte de ma phobie de la perte de dignité. Chaque année à l'automne mes feuilles perdent leur couleur verte. Puis, dépigmentées, elles tombent. Je me présente alors aux yeux de tous avec des branchages décharnés, squelettiques. Je me compare un peu à ces patients sous chimiothérapie qui ont perdu leur chevelure. Bien entendu mon alopécie n'est que transitoire et je ne souffre d'aucune atteinte maligne. Mais quel triste visage j'offre aux visiteurs ! Je vis très mal cette période pour l'aspect esthétique que je montre mais aussi parce que je crains toujours que ma nouvelle couverture foliaire ne s'installe pas convenablement. Je n'ai jamais connu de problèmes dans ce domaine mais je n'arrive pas pour autant à éliminer totalement cette éventualité de mon esprit.

La proximité des galeries de paléontologie voisines me déprime assez souvent. Comment trouver la sérénité quand votre horizon est constitué de squelettes, de créatures empaillées, de fossiles de vos ancêtres, d'herbiers ? N'y a-t-il pas un peu, pour utiliser une litote, d'inconscience à exposer des végétaux sans vie, secs, sans maintien à tel point qu'il faut les retenir avec du papier collant ? Dans ces moments de cafard, je me dis que demain j'occuperai peut-être un coin de ces vastes salles, soit en entier, soit en morceaux. Quel que soit ce mode d'exposition, je serai de toutes les façons mort comme le sont tous les êtres rassemblés en ce lieu. Triste perspective ! Toutefois je m'efforce de me rassurer en tentant de me convaincre que les arbres vivant très longtemps, cette issue n'est pas pour demain ni même après-demain. Mais dès que cette idée quitte ma pensée je retombe dans la déraison.

Quant à mes interrogations qui engendrent la mélancolie et le doute, une autre de leur cause résulte de ma quête d'origine. Nous, les arbres, provenons-nous d'une création divine ? Certains d'entre nous en sont convaincus. Dans son livre « Paroles d'arbre » Michel Luneau fait dire à l'un de mes cousins « Quand Dieu créa l'arbre... ». Pour lui il n'y a donc aucune incertitude quant à la réalité des faits ! En revanche des philosophes, athées pour la plupart, rejettent cette hypothèse. Ainsi Lucrèce, à qui Paul Valéry donne la parole dans son « Dialogue de l'Arbre », affirme au sujet des plantes qu'il considère toutes d'ailleurs comme des « œuvre(s) » : « Il est (...) des choses qui se forment d'elles-mêmes, sans cause, et se font leur destin... ». Je me perds en conjectures, je m'émeus, à la limite je m'affole. En effet, si je dois mon existence à une action divine, il me faut faire preuve de respect envers le créateur. Comment procéder ? Voilà encore une source de malaise d'autant plus que s'y greffe un problème concret : celui de ma croissance. Jusqu'à ce jour, je n'ai cessé de grandir. A la mauvaise saison mes bourgeons entrent en repos, arrêtent de fonctionner jusqu'au printemps suivant. A ce moment de nouveaux rameaux sont initiés et de cette façon j'augmente mes dimensions. En réalité seules mes extrémités gagnent de la longueur. Ce qui a été mis en place à un moment donné reste là où il a été formé. Mes branches basses par exemple ne s'élèvent pas à mesure que mon fût s'allonge. Très fréquemment on pense qu'une balançoire installée sur des branches va s'élever avec le temps. Cette idée résulte d'un manque total d'observation : notre développement qui affecte uniquement nos apex n'entraînera jamais la balançoire vers le haut. Pour en revenir à mon sommet, son ascension est-elle ou non limitée ? Si elle ne l'est pas, ce qui me semble être le cas, je peux imaginer qu'un jour il arrivera au ciel. Vais-je y rencontrer celui à qui je dois ma présence sur terre ? A vrai dire tous ces sujets me perturbent, m'insupportent, me gâchent en partie la vie.

A mon âge je devrais appartenir au monde de la sagesse. J'ai connu suffisamment d'épisodes heureux ou non pour prendre du recul par rapport à tout ce qui se présente. Non, les motifs de trouble, la peur, ne deviennent jamais supportables, insignifiants, même si au cours du temps ils s'estompent. Mais ces maux dont je viens de vous entretenir ne sont quasiment rien à côté d'une autre source de souci bien plus envahissante et perturbante.

* *
*

En effet depuis un certain temps, une angoisse hante sans répit mon existence. Au même âge que le mien aujourd'hui, les humains ont en général quitté notre terre en laissant derrière eux une progéniture plus ou moins importante. Pour ma part, encore en pleine possession de mes moyens à près de 200 ans, je ne supporte pas de penser que lorsque mon certificat de décès sera signé, mon passage en ces lieux ne laissera pas la moindre trace. En effet en deux siècles, je n'ai engendré aucune descendance. Cette situation ne résulte pas d'un choix ou d'une volonté comme dans le cas des femmes qui, utilisant des méthodes contraceptives, refusent délibérément de procréer. Non ! Dans mon cas il s'agit de la résultante de diverses données biologiques. Certes assez régulièrement, des spécialistes de la propagation des végétaux se rendent à mes côtés, j'allais dire à mon chevet. En costume pour certains, en blouse blanche pour d'autres, mais toujours accompagnés de leur suite comme les médecins lors des visites à l'hôpital, ils dressent l'historique et le bilan de mes performances reproductrices. Chacun exprime une idée nouvelle, évoque un protocole inédit à mettre en œuvre. La fécondation *in vitro* ne semble pas les séduire. Tous ces savants, probablement compétents dans leur étroit domaine de recherche, rencontrent avec moi et mon fort désir de laisser une filiation, un épineux problème.

Mais pourquoi donc à ce jour n'ai-je pas transmis la vie, je devrais d'ailleurs dire ma vie ? Pour essayer de comprendre cette situation dramatique pour moi, il m'apparaît nécessaire de visionner le film dont je suis l'acteur principal. Comment suis-je arrivé en ce lieu enchanteur ? Quelles étapes ai-je dû franchir pour parvenir au stade qui est le mien aujourd'hui ? Pourquoi mes tentatives de clonages ont-elles échoué ? Et surtout, y a t-il un espoir d'apaiser ces angoisses qui véritablement m'empoisonnent l'existence au quotidien ? Ce sont toutes ces questions que je me pose sans cesse pour tenter, sans vraiment y croire, de trouver enfin une lueur d'espoir au travers de tous ces voyages que j'effectue en boucle dans mon inconscient végétal. Une fois de plus et toujours avec la même anxiété, je vais revivre mon passé pour rechercher, sans grand espoir, il faut bien le reconnaître, les causes de mes malheurs et pour envisager ainsi de pallier ma difficulté de multiplication. Mais avant d'aborder toutes ces étapes de mon existence, il me faut m'attarder quelque peu sur ma détresse psychique. Pourquoi désirer si fort vouloir laisser une trace sur cette terre qui m'a vu naître et grandir ? Il est indispensable de formuler une telle interrogation d'ordre quasi philosophique avant d'essayer de trouver un remède à mes problèmes.

1. Mes tourments

Que suis-je ?

Lorsque, un peu désabusé, je me penche sur mon histoire, une première question se pose déjà : que suis-je ? Un arbre certes mais justement qu'est-ce qu'un arbre pour tout un chacun ?

Nombreux sont les ouvrages, les publications, les articles consacrés aux arbres. Mais dans pratiquement aucun d'eux, leur définition n'est donnée, ni même effleurée. On peut le comprendre tant le concept semble *a priori* évident et par conséquent sans nécessité apparente de formulation. Mais quand on creuse un peu la notion, des difficultés d'acception se présentent.

Les visiteurs de notre parc qui s'arrêtent devant moi et m'observent, je n'ose pas dire me contemplent, voient-ils en moi le responsable d'aires ombragées et fraîches pour jouer aux boules ou bien le compagnon des bords de routes ? Tout dépend de leurs origines et de leurs situations à ce moment. Le retraité provençal pensera plutôt au terrain de boules. L'employé de commerce, constamment au volant de sa voiture, aura plus volontiers à l'esprit l'accotement routier. De même, face à un chêne, le promeneur se souviendra de la fable de La Fontaine et verra en lui un être qui, bien que majestueux, ne supportera pas les violentes tempêtes, tandis que pour le forestier ce sera là un matériau, objet de négoce, à haute valeur ajoutée. Chacun a donc sa conception et par conséquent sa définition de l'arbre. Toutefois, même s'ils n'apparaissent pas de manière forcément explicite, un certain nombre de traits coexistent dans les différents sens donnés à ce mot : présence d'un tronc portant plus ou moins de branches, grande taille, longévité quasi illimitée.

* *
*

Les botanistes ne s'accordent pas quant à la signification du terme « tronc ». La plupart d'entre eux soutiennent qu'un tronc résulte de la formation et de l'accumulation de bois dans une tige aérienne d'un diamètre important. Pour eux donc le bananier et les palmiers ne sont pas des arbres. D'autres pensent, en revanche, que ce nom doit s'appliquer à tous les organismes de grande taille dont le feuillage s'élève au-dessus des plantes voisines. Pour ces derniers, contrairement aux précédents, les bambous et les fougères arborescentes, au nom d'ailleurs significatif à cet égard, constituent bien des arbres. Mais peu importe ! Pour ce qui me concerne et quels que soient les critères retenus, la partie essentielle de ma silhouette répond sans aucune ambiguïté aux diverses définitions. Personne ne peut donc le contester : je possède bien un tronc ! Sur ce dernier des ramifications se sont mises en place et se sont développées au cours du temps. Je ne représente pas un cas d'espèce en la matière : tous les troncs d'arbres possèdent des branches. Quoique là encore, les spécialistes divergent dans leur vocabulaire. Ainsi les palmiers, comme cela est bien connu, sont totalement dépourvus de branches. Pour cette raison, ils ne sont pas considérés comme des arbres par certains scientifiques. J'ajoute que des améliorateurs ont donné le jour à des sujets sur lesquels les branches sont initiées mais demeurent incapables de croître. Ces créations appelées colonaires sont destinées à être installées sur des balcons, par exemple, où l'espace, bien entendu limité, s'oppose à toute extension en largeur. Alors ces êtres générés par l'intervention de la main humaine, présentant un tronc, des feuilles, des fruits et bien sûr des racines, sont-ils ou non des arbres ? Là encore la bataille sémantique n'est-elle pas stérile ?

A côté de ces points d'achoppement relatifs à quelques caractéristiques à prendre en compte dans la définition de l'arbre, celle de la « hauteur » ne semble pas être un élément de discorde. Chacun s'accorde en effet à reconnaître que pour être arbre, il faut atteindre une taille importante, ce qui, il faut bien l'admettre, n'a aucun sens. Le qualificatif « important » se rapporte à une référence. Une grandeur est importante par rapport à une autre mais jamais en soi. Dans le cas présent, tout laisse à penser que la comparaison des tailles se fait par rapport à celle de l'Homme. Un arbre apparaît donc en gros comme une plante plus grande que l'Homme.

Enfin, une autre donnée semble attachée intimement à la notion d'arbre : la longévité, là encore par rapport à la durée de vie humaine. J'aurai l'occasion d'y revenir ultérieurement et de la discuter pour aboutir à l'idée d'immortalité.

* *
*

Face à ces désaccords relatifs à la définition de l'arbre, y a-t-il véritablement un intérêt à s'immiscer dans une querelle de simple vocabulaire ? Sans doute pas ! Cependant, les grands pontes qui viennent m'observer, me détailler, m'ausculter et qui discutent à mon pied, alimentent ce débat qui pour eux a une raison d'être.

En entendant leurs arguments je suis perturbé. Je ne sais plus qui je suis vraiment. En effet, si je suis un arbre, je peux, semble-t-il, espérer vivre indéfiniment ou presque. En revanche, si tel n'est pas le cas, la durée de mon passage sur cette terre est limitée et ma seule façon de la pérenniser réside dans ma multiplication à l'identique, ce qui constitue ma principale angoisse.

Prononçant ces paroles, j'entends tout de suite les répliques acerbes visant ma volonté de laisser une trace : pourquoi être aussi prétentieux ? Pourquoi refuser de partir en toute discrétion ? Pourquoi ce désir narcissique de perdurer ? Face à toutes ces inévitables interrogations qui ne manqueront pas d'être formulées, il me faut m'expliquer.

Pourquoi vouloir laisser une trace ?

Soyons clairs d'entrée de jeu ! Non je ne suis animé d'aucun sentiment d'admiration de ma propre personne ! Mon âge grandement avancé m'a offert suffisamment de disponibilités pour réfléchir à la mort. Je pense désormais à cet égard que, sauf dans de rares exceptions, tous les êtres souhaitent ne pas mourir ou tout au moins aspirent à prolonger, si j'ose dire, leur vie après la mort. Les tombes des cimetières avec leurs épitaphes et leurs photographies ne constituent-elles pas des moyens de maintenir une forme de présence du disparu ? N'ont-elles pas pour vocation de poursuivre, en quelque sorte de manière purement artificielle, la vie de celui-ci ? En fait, l'existence de notre fin inévitable nous contraint à considérer avec une grande humilité, mais aussi avec réalisme, que sur cette terre nous sommes simplement des entités périssables. Contre cela, et probablement pour tenter d'y échapper au moins partiellement, des moyens de survie fictive, tels que ceux auxquels je faisais allusion précédemment, ont vu le jour.

* *
*

Chez les animaux et par voie de conséquence chez les humains, le besoin naturel de se reproduire conduit à laisser une trace indélébile de leur éphémère passage sur la terre. Il y a dans cette démarche une volonté souvent inavouée, voire inconsciente, de prolonger sa propre vie dans un habillage aussi proche que possible du sien propre. Ainsi, au moins une partie de soi-même continue-t-elle d'exister. Celui qui a contribué à la naissance de son descendant est certes voué à s'en aller mais par l'intermédiaire de ce dernier, dans lequel une part de lui-même est présente, il peut, d'une certaine façon, ressentir un sentiment d'immortalité.

En dehors du profond souhait de marquer sa brève présence terrestre *via* une filiation, l'Homme peut parfois emprunter d'autres voies pour assurer une pérennité. Tel est le cas des artistes qui, au travers de leurs œuvres n'ont pas forcément l'intention de perpétuer leur personne ou leur image mais plutôt celle de leurs productions. Ces dernières, matérielles, tangibles, subliment notoirement les personnalités de leurs créateurs. C'est vraisemblablement ce message que, dans « Bartabas, roman », Jérôme Garcin exprime en écrivant : « Qu'est-ce que créer sinon tenter désespérément de laisser une trace de son passage sur terre ? ». Brassaï, surtout connu comme photographe mais qui fut également peintre, sculpteur et écrivain a lui aussi affirmé : « C'est la hantise et le désir de l'homme de laisser une trace indélébile de son éphémère passage sur cette terre qui donnent naissance à l'art.

* *
*

Nombreux sont donc les exemples qui prouvent que le désir de perpétuer la vie, même facticement, ne correspond pas à une quelconque déviation narcissique. Alors qu'en est-il pour ce qui me concerne ? Il me faut l'avouer sans détour, je suis douloureusement tenaillé par des craintes. D'aucuns me taxeront peut-être de vaniteux mais j'ai l'intime conviction d'avoir encore beaucoup à apprendre de ce monde terrestre auquel je pense pouvoir apporter dans le même temps un peu de convivialité. Pour ces raisons, mourir prendrait pour moi l'allure d'un film tronqué de son dénouement. En y pensant, je ressens une véritable frustration qui débouche finalement sur une angoisse difficile à supporter. Mais lorsque je retrouve un peu de sérénité, je tente d'évaluer la probabilité des risques de ma disparition. En toute objectivité, elle se révèle bien faible. Cependant faible ne signifie pas nulle. Bien entendu, je ne suis pas installé dans un lieu où des promoteurs vont éliminer la chlorophylle pour y substituer du béton. Par ailleurs, plus le temps passe, plus mes mensurations deviennent imposantes et moins les tempêtes ne parviendront à me mettre à terre. En outre, isolé dans ce Jardin, les épidémies ne me guettent guère. Enfin les soins apportés par ma garde rapprochée dès le constat des premiers indices de toute anomalie, empêchent ces derniers de se développer. Quant aux effets de l'âge, ils ne semblent pas avoir énormément de prise sur nous les arbres. Par conséquent, très raisonnablement le film de mon existence doit pouvoir se dérouler sans anicroche pendant de longues années. Certes ! Mais si un quelconque incident, imprévisible, aux manifestations précoces indétectables, vient inopinément s'interposer, mon pronostic vital peut être engagé comme disent les médecins. De cette éventualité pourtant fort peu probable, est né un mal-être pour lequel je ne trouve pas d'autre issue que ma multiplication conforme. Pour moi donc, laisser une trace ne signifie absolument pas marquer le monde de mon empreinte indélébile en réponse à un simple souci d'admiration égocentrique. Depuis quelque temps, je me rends compte de mon entrée, probablement irréversible, dans cette phase terminale de vie que l'on nomme pudiquement la sénescence. Comment concilier celle-ci avec la poursuite de ma vie que je considère comme non aboutie à ce jour ?

La crainte de l'inévitable sénescence

Sénescence : un terme qui affole parce qu'il véhicule l'idée d'une mort inéluctable à plus ou moins brève échéance. Mais en quoi consiste-t-elle au juste ? A partir de son installation, son point final la mort, est-il atteint rapidement ou non ? Parvient-on à ralentir le processus ? Toutes ces questions méritent d'être abordées sereinement pour éviter de s'enfermer dans une ambiance pleine de craintes injustifiées.

* *
*

Chez les animaux la sénescence est considérée par les spécialistes comme la dernière phase du développement. A ce titre elle apparaît inscrite dans le génome et ne constitue donc pas une étape purement passive aboutissant sans contrôle à la mort. Non ! A l'image de toutes les précédentes, cette portion de vie est codée : elle se déroule grâce à des processus actifs, avec des productions de nouveaux composés endogènes, des protéines en particulier. Contrairement à une idée largement répandue, la sénescence ne se présente absolument pas sous la forme d'une dégradation pure et simple.

L'entrée dans cet ultime chaînon de la vie puis sa traversée se caractérisent par des signes extérieurs typiques. Le système pileux de l'Homme par exemple cesse d'abord progressivement de croître puis il diminue d'importance ensuite. Sa pigmentation devenant défectueuse, il blanchit. Moins apte à produire ses propres constituants, la peau se ride et se couvre de taches sombres que certains, par un trait d'humour noir, appellent des « fleurs de cimetière ». En dehors de ces manifestations visibles, des processus physiologiques sont également altérés. La reproduction sexuée en premier lieu est altérée. Le cycle ovarien de la femme s'arrête et met ainsi un terme aux possibilités de procréation. L'activité cérébrale est aussi particulièrement modifiée au cours de cette période. Des synthèses de nouvelles protéines entravent le fonctionnement neuronal et aboutissent aux démences séniles s'exprimant sous diverses formes. La mémoire et la motricité déclinent et la mort met rapidement fin à ces troubles au bout de quelques années. Les défenses immunitaires de l'Homme deviennent également moins efficaces et ouvrent la porte aux infections susceptibles, elles aussi, d'entraîner la mort.

En gros, on peut dire que toutes les cellules animales entrent à un moment ou à un autre dans le processus de la sénescence. Cependant, le cas des cellules cancéreuses fait exception à cette règle générale. Isolées de l'organisme d'origine et cultivées *in vitro*, elles se multiplient indéfiniment sans jamais présenter de signes de sénescence. En revanche, des cellules saines prélevées sur le même tissu que celui qui a produit une tumeur cancéreuse, en sont incapables : elles meurent après un très faible nombre de multiplications. Avec ces matériels cancéreux et sains de même origine, des recherches sur le déterminisme de la formation des tumeurs ont été, bien entendu, sérieusement menées. Mais en plus, une attention toute particulière a pu concerner dans le même temps les modalités des changements induisant l'entrée en sénescence. Ainsi, il semble désormais acquis que cette dernière phase du développement est génétiquement contrôlée. Répondant à des signaux, non encore totalement identifiés, certains gènes jusque-là inactifs entrent en action. Parallèlement, d'autres qui s'exprimaient, deviennent silencieux. Ces modifications concourent à l'installation d'un nouveau fonctionnement de l'organisme. Mais celui-ci, non conforme aux activités antérieurement remplies, perturbe complètement les cellules d'abord, les tissus ensuite et tout l'organisme enfin. Faute de pouvoir s'adapter aux conditions nouvelles, parce qu'il n'en a pas les moyens, l'être soumis à ces variations périt inévitablement. Ces données suggèrent très fortement que le codage de la sénescence se trouve présent dans le patrimoine génétique, c'est-à-dire dans l'ADN, mais qu'il ne s'exprime que dans un contexte particulier. Or cet ADN est celui dont on dispose dès la naissance : il n'est pas modifié au cours du développement, sauf en cas d'accidents dont la fréquence est d'ailleurs infime. En résumé, la mise en place de la sénescence existe potentiellement dès la naissance mais sa manifestation requiert des signaux extérieurs ou internes. De ce fait, certains n'hésitent pas à affirmer, sous forme d'une boutade reposant, malgré tout, sur des données incontestables : « dès notre naissance nous entrons en sénescence.

Dès lors, il nous faut bien admettre que chez les organismes animaux et par conséquent chez l'Homme, la sénescence ne peut pas être évitée. De plus, elle se termine inexorablement par la mort que l'on peut parfois retarder grâce aux progrès scientifiques, mais à laquelle il est impossible d'échapper, aujourd'hui tout au moins. Une telle situation est-elle spécifique du monde animal ou bien caractérise-t-elle l'ensemble du monde vivant ? Qu'en est-il donc de la sénescence chez les végétaux ?

* *
*

Chez les plantes annuelles ou bisannuelles, c'est-à-dire celles dont le cycle de vie se déroule sur une ou deux années seulement, la sénescence se manifeste un peu comme chez les animaux. Là aussi des changements visibles ou non traduisent l'entrée dans l'étape finale de la vie. Ils apparaissent d'ailleurs souvent juste après la floraison qui est ainsi considérée quelquefois comme la dernière réaction d'un organisme avant sa disparition. Avec ses fleurs et les graines qui s'y forment, la plante se donne des descendants sauvegardant l'espèce. A partir de ce moment sa mort n'aura pas d'incidence sur sa lignée dont la pérennité est, de ce fait, assurée.

Dans la partie centrale du Jardin comprise entre l'entrée principale et les grandes serres, les pétunias qui ornent les massifs sont soumis à ce phénomène biologique auquel ils ne peuvent en aucun cas échapper. Ils sont mis en terre très jeunes alors qu'ils ne présentent que quelques feuilles. Au cours des premières semaines qui suivent leur installation, ils ne changent pas d'aspect. Je me suis laissé dire qu'ils formaient uniquement des racines pour bien assurer leur ancrage dans le sol et pour puiser dans celui-ci l'eau et les sels minéraux indispensables à leur développement ultérieur. Après ce laps de temps au cours duquel leur apparence ne se modifie en rien, ils commencent à mettre en place de nouvelles feuilles. Puis les boutons floraux et les fleurs épanouies manifestent la bonne santé de ces plantes. Mais progressivement ces fleurs se fanent et meurent. De même les feuilles les plus anciennes se nécrosent, tombent et disparaissent. Ainsi de proche en proche, des organes frappés par la sénescence perdent leur éclat et finissent par échapper discrètement à notre vue. Un peu plus tard, privés de leurs organes assimilateurs, c'est-à-dire de leurs feuilles, les pieds se rabougrissent. A ce moment, pour éviter de laisser penser au promeneur que ces plantes manquent de soins, les jardiniers les arrachent sans plus attendre. S'ils les avaient laissées en place, les graines formées auraient pu germer plus tard pour permettre le remplacement de la génération dont elles étaient issues. Ces pétunias possèdent dans leur matériel génétique le « programme sénescence » dont l'expression requiert un niveau de développement minimum. Au moment de leur repiquage, les plantules ne l'ayant pas atteint ne manifestent aucun signe de sénescence. Mais lorsqu'il l'est, le végétal ne peut se soustraire à cette phase finale.

Ce qui vaut pour les pétunias dont je viens de parler, s'applique de manière identique aux autres plantes, annuelles ou bisannuelles, du Jardin et d'ailleurs. Pour ces groupes de végétaux, comme pour les animaux, sénescence signifie donc « entrée irréversible dans le couloir de la mort.

* *
*

Les plantes vivaces dont je fais partie ne subissent pas la sénescence de la même façon. Seuls divers organes connaissent cette fin de vie programmée mais l'organisme, lui, l'ignore totalement. A l'automne, lorsque les jours raccourcissent, ce qui constitue le signal d'entrée en sénescence, nos feuilles changent de couleurs. Elles perdent leurs chlorophylles mais synthétisent d'autres pigments rouges, jaunes puis marron avant de se détacher du rameau porteur et de tomber sur le sol, leur cimetière. Un arbre totalement débarrassé de ses feuilles n'en meurt pas pour autant. Sous cet aspect, il traverse l'hiver en réduisant au maximum ses activités physiologiques, en ne consommant par conséquent que très peu d'énergie. Il se trouve dans un état appelé « dormance » un peu comparable à l'hibernation des animaux. Dès le printemps, il reprend son mode de vie habituel et remet en place de nouvelles feuilles qui, en absorbant le rayonnement lumineux, lui permettent de satisfaire ses besoins énergétiques.

Les fruits appartiennent également aux organes à durée de vie limitée. Leur maturation est considérée par les spécialistes comme une étape de la sénescence. Il est vrai qu'une fois mature, le fruit n'a pas d'autre perspective que celle de la mort. Aujourd'hui mûre, c'est-à-dire agréable à la dégustation, une poire sera blette demain, ce qui signifie qu'elle aura dépassé le stade de la maturation parfaite. Après demain, ses cellules auront toutes cessé de fonctionner et seule la poubelle sera en mesure de l'accueillir. Là encore, l'organe meurt mais le fruitier d'où il provient reste lui parfaitement en vie.

Dans notre famille des platanes, l'écorce est soumise au phénomène de sénescence. Avant de mourir et de se détacher du tronc, elle forme des plaques gris-verdâtre qui, une fois tombées, laissent apparaître un fond lisse et très clair. Bien qu'il touche progressivement tout le tronc, ce phénomène ne se manifeste à chaque fois que sur des surfaces limitées. Pour cette raison, notre costume constamment façonné de pièces de couleurs allant du gris au vert en passant par le beige, séduit assez souvent l'œil des promeneurs et des peintres.

Dans sa maison « Bon-Port » à La Tour-de-Peilz en Suisse où il réside jusqu'à sa mort, Gustave Courbet confectionne la « Terrasse de Bon-Port », un tableau où figurent plusieurs platanes aux troncs multicolores témoins des plages de desquamations successives. Ces arbres qui occupent la plus grande partie de l'œuvre ne sont représentés que jusqu'au niveau des premières ramifications, preuve probable de l'intérêt de l'artiste pour les seuls troncs aux agréables couleurs. On peut également penser que Courbet s'est particulièrement appliqué à reproduire ce lieu important pour lui. En effet, au bord du lac Léman, juste au-dessous de cette terrasse, il a brûlé plusieurs dizaines de ses toiles qu'il reniait. Dans son « Pavé de Chailly » en forêt de Fontainebleau, Claude Monet remplit lui l'espace avec de nombreux platanes dont les troncs d'un camaïeu de gris-vert attirent l'œil au premier regard. « Les grands platanes » de Vincent Van Gogh montrent au premier plan, sur près de la moitié du tableau, une vue détaillée de l'écorce de l'un d'entre eux, justifiant vraisemblablement l'attrait de l'auteur pour cette partie de l'arbre. Précédemment avec « Les grands érables sycomores » il s'était d'ailleurs déjà attaché avec minutie à représenter d'énormes troncs sous lesquels des cantonniers réparent un trottoir. Plusieurs autres peintres ont représenté des platanes reconnaissables à leur longue et élégante robe bigarrée. Le plus productif en ce domaine est sans doute le Montpelliérain Bernard Calvet que cite André Vigouroux dans son ouvrage « Le platane – Portrait, botanique, maladies ». Cet artiste en a dessiné sur bon nombre de ses toiles en leur attribuant une place souvent prépondérante dans le paysage. Tel est le cas, sans être exhaustif, pour « Ville d'eau », « Un hiver en Arles », « La colonne Morris », « Le portail » ou encore « 15 heures.

Contrairement donc à la sénescence des animaux, celle des plantes ne débouche pas inéluctablement sur la mort. Chez les vivaces, comme je viens de le montrer, elle n'affecte que certains organes et non la totalité de l'organisme. C'est là une différence fondamentale entre les deux règnes qui a débouché sur une suspicion d'immortalité des végétaux, notion totalement proscrite dans le monde animal. Comme le souligne fort justement le Professeur de botanique de l'Université de Montpellier Francis Hallé dans « Du bon usage des arbres » : « Placez un être humain, pendant toute son existence, dans des conditions optimales, et vous ne prolongerez sa vie que de quelques années. Placez un arbre (...) dans des conditions optimales et vous assisterez à ce spectacle incroyable d'un être vivant qui, n'ayant aucune raison de mourir, manifeste son immortalité sans aucun complexe ». Il convient d'admettre à cet effet que la régulation génique végétale est extrêmement pointue dans la mesure où le codage de la sénescence existe dans toutes les cellules mais ne s'y exprime pas forcément. Qui, après cela, osera encore soutenir que les végétaux n'appartiennent pas au monde vivant ou y constituent des êtres inférieurs, tandis que leurs mécanismes vitaux sont des plus élaborés ?

La conception d'une longévité exceptionnelle voire illimitée ne résout pas complètement mes interrogations quant à mon avenir. En fait, estimant que ma vie n'est pas complètement aboutie à ce jour, je souhaite seulement être en capacité de la poursuivre dans mon corps actuel ou dans un autre mais en tous points identiques à lui. Cette véritable anxiété qui m'étreint aujourd'hui ne s'est pas installée brusquement. Elle s'est mise en place progressivement et insensiblement tout au long de mon développement. Longue de près de deux siècles, mon histoire personnelle est forcément truffée de nombreux événements et anecdotes qui ont forgé ma personnalité. Mais dans tout ce qui a précédé ma naissance, des faits ont également eu une incidence sur ce que je suis aujourd'hui. Aussi pour mieux me faire comprendre, me paraît-il indispensable de m'attarder un peu sur mon installation pour laquelle mes conditions d'arrivée, les caractéristiques du domaine où je vis ainsi que celles de mes voisins immédiats, constituent les éléments fondamentaux.

2. Mon installation

Mon arrivée

Mon arbre généalogique remonte à la nuit des temps. Il convient à cet égard de préciser qu'il s'agit là des temps géologiques. En effet, lorsque l'Homme avec son profil actuel, c'est-à-dire droit sur ses jambes et appelé pour cette raison *Homo erectus* par les spécialistes, est apparu sur la terre, il y a plus d'un million et demi d'années, certains de mes ancêtres y étaient déjà présents. La découverte des restes de quelques-uns d'entre eux, dans les Pyrénées et le Massif Central, l'attestent. En fait, il semble que notre lignée familiale soit née sur notre bonne terre dans le dernier tiers de l'ère secondaire, ce qui correspond en gros à 80 millions d'années. Jusqu'alors, la végétation était uniquement représentée par des fougères et des espèces rangées aujourd'hui dans le langage populaire sous le nom de « conifères ». Mais à partir de cette période, les premières plantes à fleurs, dont le platane justement, sont apparues. Des fossiles de notre espèce datant de cette époque ont été découverts dans les strates géologiques d'Amérique du Nord.

Les traces les plus abondantes de mes aïeux remontent à l'ère tertiaire, soit à environ 50 millions d'années. Elles sont localisées en Amérique du Nord certes mais aussi dans les régions arctiques, en Asie, en Europe. Face à cette large distribution géographique des anciens membres de notre famille, il est illusoire d'en rechercher le véritable berceau. Tout au plus, pouvons-nous affirmer que nous sommes originaires de l'hémisphère nord mais à partir très probablement de deux sites différents : un en Amérique et un en Eurasie, correspondant à la séparation des continents. Il faut peut-être rappeler à ce sujet que jusqu'à l'ère secondaire, tous les continents étaient plus ou moins regroupés avant de s'écarter les uns des autres pour aboutir à ce que nous connaissons aujourd'hui. A cause de cet éloignement des masses continentales, il apparaît ainsi deux foyers potentiels initiateurs de nos générations successives. Il semble que ceux-ci soient en fait à l'origine de deux lignées différentes de platanes. Pour les distinguer et en raison du lieu de leur apparition initiale, elles sont qualifiées d'occidentale et d'orientale selon qu'elles trouvent leur origine en Amérique du Nord ou en Eurasie. Un processus important va ensuite modifier la présence des plantes sur notre planète : les refroidissements et les glaciations de l'ère quaternaire. A la suite de ces changements climatiques d'il y a un million d'années à peu près, seuls les individus implantés dans les zones les plus tempérées ont subsisté. C'est pourquoi, actuellement on retrouve des platanes plutôt dans les zones centrales de l'hémisphère nord. Toutefois, il faut ajouter immédiatement que sur les surfaces où ils avaient été éliminés par le froid, ils sont revenus progressivement. Mais là le phénomène n'a rien de naturel. Il s'agit simplement des résultats de l'action de l'Homme. Ainsi, ceux de la lignée orientale ont-ils été réintroduits en Italie notamment vers 300 avant Jésus-Christ si l'on en croit les auteurs latins tels que Cicéron ou Virgile. A partir de là ils se répandent naturellement ou artificiellement *via* la main humaine, à travers l'Europe.

Pour ce qui concerne plus précisément notre pays, Pierre Belon apparaît aux yeux de bon nombre de spécialistes de la question comme celui qui a introduit le platane en France sous les règnes de François Ier puis d'Henri II. On considère en effet que le premier platane installé sur le territoire français l'a été vers 1550, ce qui correspond bien aux travaux de Pierre Bẹlon. D'origine fort modeste, jardinier, puis naturaliste par goût, celui-ci devient un botaniste reconnu et respecté. L'évêque du Mans, René du Bellay, cousin du père du poète Joachim du Bellay, le protège et lui offre un espace qui deviendra son arboretum. En ce lieu il sème les graines de platanes récoltées lors d'une de ses expéditions au Moyen-Orient. De cette nursery naîtront quelques rares plants qui, en se croisant plus tard génèreront bon nombre des arbres que l'on peut trouver chez nous actuellement.

* *
*

Quant à moi, j'appartiens au lot de jeunes plants de la lignée orientale que Louis XV et Buffon ont importés d'Angleterre pour les implanter à Versailles. Buffon en a conservé pour lui quelques exemplaires afin de les mettre en terre sur son domaine de Montbard en Bourgogne. En 1785, comme l'indique la pancarte qui orne mon tronc depuis des lustres et informe de mon origine orientale, Buffon m'a déplacé de sa pépinière personnelle bourguignonne pour m'installer là où je me trouve encore en ce moment.

Deux siècles après ma plantation, sans avoir ni bougé ni émis le moindre son, j'occupe toujours le même lieu. Je me suis cependant grandement développé parce que j'ai bénéficié de conditions particulièrement favorables. Je n'ai jamais rencontré les contraintes auxquelles Maxime Le Forestier fait allusion dans une de ses chansons où il dit :

> « Comme un arbre dans la ville,
> Je suis né dans le béton,
> Coincé entre deux maisons,
> (...)
> Entre béton et bitume,
> Pour pousser je me débats,
> Mais mes branches volent bas,
> Si près des autos qui fument ».

Les problèmes de croissance que nous pouvons affronter ne résultent pas seulement des disponibilités aériennes qui nous sont offertes. Souvent notre développement est entravé par la faiblesse du volume souterrain qui nous est accordé. Cela tient tout bonnement à la méconnaissance du système racinaire qui se forme en dehors du champ visuel. Pendant très longtemps on a affirmé que les racines occupaient autant de place que le houppier. On sait aujourd'hui qu'elles peuvent très largement la dépasser. Dans mon cas personnel, je n'ai pas eu à m'inquiéter sur ce plan : j'ai toujours disposé de tout l'espace aérien ou souterrain souhaitable.

Poussant donc sans entrave, j'ai acquis une taille plus qu'importante tout en demeurant en parfaite santé. D'après ce que j'entends de la part des visiteurs, une telle situation constitue quasiment une prouesse. Mais ces braves gens qui viennent me voir raisonnent par rapport à la lignée animale. Quel animal peut, à l'âge qui est le mien aujourd'hui exhiber un état physique comparable ? Aucun bien évidemment ! Nonobstant cet avantage vital qui est le nôtre, nous les plantes ne retenons guère l'attention du genre humain. En effet dans notre monde, seuls les humains, et à un degré moindre les animaux, représentent des pôles vivants attractifs. Nous autres les végétaux constituons d'abord des sources d'alimentation ou de médicaments. Puis, rassemblés, agencés, parfois entretenus, nous participons à ce que l'Homme désigne sous le nom « d'espaces verts ». Nous n'y jouons qu'un rôle de décoration pour la seule satisfaction de l'œil. Indéniablement l'être humain a développé une attirance et une préférence pour les animaux et une quasi indifférence pour les plantes. Alors que la formule « animal de compagnie » est communément admise et répandue, celle de « végétal de compagnie » demeure totalement inusitée parce que sans signification dans la vie quotidienne. Les animaux suscitent sans contestation l'admiration, la tendresse éventuellement l'aversion voire la peur. Les plantes, elles, engendrent plutôt le désintérêt.

* *
*

Si ma naissance effective est forcément antérieure à ma transplantation au Jardin des Plantes, c'est la date de cette dernière, à savoir 1785, qui représente véritablement pour moi l'entrée dans la vie. A propos de sa naissance justement, Chateaubriand faisant référence à Napoléon, a dit : « l'année où je naquis, naissait en Corse… ». C'est là d'ailleurs une légère approximation de sa part puisque, en fait, le poète vit le jour un an avant le futur empereur. Quoi qu'il en soit, pour parodier un peu ces paroles, mon arrivée en ce monde coïncide avec quelques événements importants.

Du point de vue artistique tout d'abord, cette année-là naissent, d'une part, le pianiste et fabricant d'instruments de musique Alpheus Babcock et d'autre part Jacob Grimm qui, avec son frère Wilhelm écrit les fameux contes pour enfants. Tous deux sont les parents de Blanche-neige, Cendrillon, Tom Pouce et bien d'autres héros qui ont émerveillé les esprits des très jeunes. A côté de ces arrivées dans notre monde, on peut noter la disparition du sculpteur Jean-Baptiste Pigalle. Bon nombre des œuvres de ce dernier sont exposées au musée du Louvre ou dans des églises parisiennes. A cette époque encore, un autre sculpteur, Jean-Antoine Houdon, façonne un masque et une terre cuite qui lui serviront de base pour réaliser, l'année suivante, un buste de George Washington le futur président américain. Toujours à ce moment, le peintre Jacques-Louis David achève son immense tableau intitulé

« Le Serment des Horaces » qui, lui aussi peut être admiré au musée du Louvre.

Dans le domaine scientifique et des inventions, l'année 1785 est marquée par le premier accident aérien mortel de l'histoire, celui de Jean-François Pilâtre de Rozier physico-chimiste de formation. Admirateur des frères Montgolfier qui, deux ans auparavant ont réussi le premier vol de leur ballon à air chauffé, il tente la traversée de la Manche dans le sens France-Angleterre contre les vents dominants. Pour ce faire il s'installe dans un ballon gonflé à l'hydrogène, accompagné du physicien constructeur de l'engin. Rapidement après leur envol, sans avoir pu s'engager dans la direction prévue, le ballon s'enflamme et les deux passagers chutent et s'écrasent sur le sol devenant ainsi les deux premières victimes de l'air. Avec un destin un peu comparable, dans le même temps, Jean-François Lapérouse, officier de marine mais surtout explorateur dans l'âme, se voit confier, notamment par Louis XVI, une expédition maritime autour du monde. Les deux frégates, La Boussole et L'Astrolabe préparées pour cette opération quittent Brest au début d'août 1785. Elles traversent l'Atlantique, franchissent le Cap Horn au début de 1786, parviennent en Chine *via* le Pacifique aux premiers jours de l'année suivante. Elles gagnent ensuite l'Australie et disparaissent finalement au niveau des îles Santa Cruz, au début de l'été 1788 soit trois ans après leur départ. Il aura fallu attendre plusieurs dizaines d'années pour retrouver l'un des deux bateaux et comprendre que les conditions météorologiques épouvantables étaient responsables du naufrage.

Concernant la vie politique et le déroulement de l'Histoire en général, cette année 1785 enregistre le décès d'Etienne-François de Choiseul. Ce brillant homme politique qui occupe successivement plusieurs secrétariats d'Etat, est considéré par certains comme le « vice-roi ».

Au début de sa carrière, en bons termes avec Madame de Pompadour la favorite du moment de Louis XV, il est bien en cour. En revanche il est disgracié ensuite par le roi sous l'influence de la Comtesse du Barry sa nouvelle favorite. Toujours en l'an 1785, le couple royal Marie-Antoinette-Louis XVI donne le jour à leur second fils, Louis-Charles de France. Devenu dauphin après la mort de son frère aine Louis-Joseph de France, ce futur Louis XVII meurt à l'âge de dix ans alors que la première République est installée. Il ne règnera donc jamais. Au plan international, Catherine II de Russie renforce les pouvoirs des villes mais surtout de la noblesse. Cette dernière, désormais exemptée d'impôts, acquiert une absolue autorité sur les paysans qui deviennent, eux, tributaires du bon vouloir de leurs maîtres. Enfin deux faits plus anecdotiques qu'importants se déroulent au cours de cette période. Tout d'abord, le Congrès américain adopte le dollar comme monnaie unique du pays. Par ailleurs, l'affaire dite du collier de la reine constitue un scandale qui altère grandement la popularité de la reine Marie-Antoinette. Sous la pression insistante de cette dernière, le cardinal de Rohan alors ambassadeur de France à Vienne est rappelé en raison de ses frasques libertines. Disgracié par la reine, il veut à tout prix reconquérir sa faveur. Madame de La Motte, une courtisane perfide ayant usurpé son titre de comtesse, exploite la situation. Quasiment ruinée, elle échafaude une énorme escroquerie consistant à adresser au cardinal de faux messages de la reine laissant croire d'abord à une volonté de réconciliation de cette dernière. Puis, dans ces échanges épistolaires, la personne signant au nom de la reine demande au cardinal de bien vouloir servir d'intermédiaire pour acheter un somptueux collier de diamants d'une valeur considérable, achat qui lui sera bien entendu remboursé par la reine ultérieurement. Cette démarche sert uniquement à masquer, selon son auteur, la dépense royale astronomique. C'est justement à cause de ce prix particulièrement élevé que la reine avait publiquement refusé auparavant de faire l'acquisition de ce bijou. En fait, Madame de La Motte espérait ainsi récupérer pour elle seule le montant de la transaction. La supercherie étant découverte, le cardinal est traduit devant la justice qui, contre toute attente, le blanchit. En revanche, Madame de La Motte est condamnée à la prison à vie et marquée au fer rouge d'un « V » signifiant voleuse. Mais dans toute cette affaire, la reine est la grande perdante. L'acquittement du cardinal qu'elle déteste constitue une marque de défiance à son égard. L'opinion publique qui le ressent ainsi discrédite « l'Autrichienne » qu'elle rend responsable de dépenses scandaleuses. De proche en proche, toute la dignité royale est déstabilisée et certains considèrent même que cette affaire participe à la mise en place de la révolution qui ne va pas tarder à éclater.

Finalement cette année 1785 apparaît quelque peu banale sans naissance ou disparition de « grandes pointures » de la vie publique, sans grands événements dignes d'intérêt. Même les conditions météorologiques n'attirent pas particulièrement l'attention. Outre une sécheresse marquée mais non dramatique et un printemps relativement frais, rien ne mérite d'être retenu. Alors, moi platane, je me mets à rêver que l'essentiel de cette année pourrait résider dans mon installation dans ce Jardin des Plantes. Mais rapidement je reprends mes esprits et me rends compte du caractère déplacé de ce propos. Je dois bien admettre que la plantation d'un modeste platane ne constitue pas l'événement de l'année 1785. Mais qu'importe ! Le cadre de mon existence me permet d'oublier ces questions très secondaires et à vrai dire dépourvues d'intérêt.

Le Jardin des Plantes

Lieu de vie rêvé s'il en est, ce Jardin des Plantes résulte de longs travaux d'aménagement qu'il m'est agréable de rappeler. Ceux-ci ont abouti à l'agencement actuel de ce parc qui a inévitablement marqué mon existence. Elle a ainsi contribué à mon développement et, oserai-je le dire, à mon épanouissement comme je ne peux m'empêcher de vous le raconter.

* *
*

En 1635, Jean Hérouard et Guy de la Brosse médecins de Louis XIII créent ce qu'ils appellent « le Jardin Royal des Plantes Médicinales » qui deviendra avec le temps l'actuel Jardin des Plantes. Quelques années plus tard, cette structure de conservation et d'exposition de plantes intègre un service d'enseignement en français et de haut niveau en botanique, en chimie et en histoire naturelle. L'université de Paris voisine s'oppose officiellement à cette nouvelle activité en raison de l'abandon du latin au profit du français dans la langue d'enseignement. Mais en profondeur, la liberté de circulation de l'information scientifique qui y règne est considérée comme contraire à la conception du secret de la découverte universitaire de l'époque. Pire, des professeurs de l'université de Montpellier, rivale de celle de Paris, participent à l'enseignement délivré par ce tout nouveau Jardin Royal des Plantes Médicinales. Il y a donc là lieu à *casus belli*. Toutefois, grâce à sa puissance, l'université parisienne qui se voit contrainte d'accepter la situation, obtient du roi, l'interdiction du Jardin à délivrer des diplômes. Ultérieurement, conformément à l'évolution de ses activités, l'entité perd dans son appellation la référence à la médecine et acquiert le nom de « Jardin Royal des Plantes » ou même plus simplement de « Jardin du Roi ».

Un siècle environ après sa fondation, le Jardin est confié à Georges-Louis Leclerc qui deviendra ultérieurement comte de Buffon. Connu plus ordinairement sous le nom de Buffon, il transforme notoirement le lieu. Avec l'aide de Daubenton, il l'agrandit d'une part et en fait d'autre part, un incontestable centre de recherches scientifiques. Pour étoffer ce centre, il importe des plantes du monde entier et les installe sur place. L'esprit de la collection botanique destinée au public et l'accessibilité de la Science au plus grand nombre deviennent véritablement des réalités à cette époque et surtout sous son influence. L'ensemble considérablement enrichi par la construction de bâtiments et par la qualité de la démarche intellectuelle, s'appelle désormais le Muséum National d'Histoire Naturelle. Dès ce changement de dénomination, une ménagerie enrichit encore davantage le centre. Les animaux rassemblés ici proviennent des domaines royaux et constituent une collection destinée à rééquilibrer celle des plantes antérieurement installées. Cet intérêt pour le monde animal s'est ensuite poursuivi avec la construction des galeries de zoologie et de paléontologie qui existent toujours mais qui, faute d'entretien, ont longtemps présenté des visages d'une tristesse affligeante.

Ainsi, progressivement, le Jardin des Plantes, ma demeure, est-il devenu non seulement un conservatoire des espèces mais aussi un centre de recherches de renommée internationale. Les abris, les serres, les massifs, les galeries y sont nombreux et variés. De plus de véritables laboratoires, ceux du Muséum d'Histoire Naturelle, s'y sont édifiés. Toutes ces structures sont destinées à mieux connaître la biologie des végétaux bien sûr, mais aussi celle des animaux. Elles participent en outre à la confection de collections des espèces disparues ou en voie de l'être. Ce Jardin et ses extensions annexes sont donc devenus au cours des temps un important lieu de rencontre des diverses sciences telles que la paléontologie, l'anatomie, la morphologie, l'écologie et de bien d'autres encore. Mais comment se présente alors aujourd'hui ce cadre qui m'abrite depuis si longtemps ?

* *
*

Lorsque l'on franchit les grilles du domaine en venant de la Seine notre voisine immédiate, on pénètre dans de larges allées limitées par des membres de ma famille platane. Ces derniers, régulièrement taillés présentent constamment le même aspect. Ils me font penser à un enfant auquel on sectionnerait sans cesse une portion de jambes pour qu'il conserve à vie la même taille. N'est-ce pas là pour mes proches une atteinte violente et aux conséquences insoupçonnées ? Mais l'Homme a décidé qu'il devait en être ainsi et de la part de notre communauté aucune manifestation de désapprobation n'est possible. L'espace situé entre ces limites matérialisées par la double plantation de platanes est occupé par des massifs fleuris. Tout au long de l'année diverses espèces y sont implantées aux côtés d'individus pérennes. Souvent au printemps des plantes à fleurs jaunes telles que des jonquilles ou des primevères sont installées. Elles sont en parfaite harmonie avec les fleurs, jaunes également, des hâtifs forsythias vivaces distribués sur ces surfaces. Cette couleur est celle du soleil qui a fait tant défaut au cours de l'hiver précédent. Au fur et à mesure que le temps passe, ces plantes sont remplacées par d'autres qui, par l'orangé, le rose et le rouge de leurs fleurs mais aussi parfois de leur feuillage, annoncent l'arrivée des journées chaudes. Les tulipes, les pétunias, les verveines, les dipladénias et les capucines occupent le terrain. Nulle mauvaise herbe ne trouve place dans ces plates-bandes : les jardiniers vigilants les suppriment dès qu'elles manifestent la moindre velléité d'apparition. De même les organes fanés ou simplement défraîchis, ou pire altérés par une quelconque pathologie, sont éliminés rapidement. Ainsi, ces massifs paraissent-ils toujours admirables à souhait.

En se dirigeant de cette allée centrale vers mon lieu de résidence, on découvre des parterres où les végétaux très nombreux sont rangés en fonction de leur appartenance à des familles botaniques ou bien selon d'autres critères parfaitement indiqués. D'ailleurs, d'une manière générale dans tout le jardin, l'état civil de chaque herbacée, arbuste ou arbre apparaît sur une étiquette disposée sur, ou à proximité de l'intéressé. Les informations ainsi livrées sont gérées par le visiteur selon son gré. Enfin, au-delà de cette véritable « école de botanique », un arbre retient l'attention : un tilleul planté par François Mitterrand en 1989 à l'occasion du bicentenaire de la reconnaissance de la citoyenneté aux Juifs de France.

Pour en terminer avec ce qui m'entoure, il convient de ne pas passer sous silence l'immense jardin qualifié d'alpin qui rassemble sur près d'un demi-hectare des plantes provenant des différentes zones mondiales de montagnes et donc pas seulement des Alpes, comme une confusion fréquente le suggère. Et puis, un peu plus loin, la perle du jardin est constituée par les majestueuses serres. Leur construction a débuté au XVIIIème siècle et s'est poursuivie par des travaux de démolition, de reconstruction et de maintenance jusqu'à aujourd'hui. Fermées au public pendant cinq années, elles ont à nouveau ouvert leurs portes en 2010 après restauration. Leur conception actuelle est un retour vers la vocation initiale de conservatoire. La présentation de la biodiversité s'effectue à partir de quatre thèmes occupant chacun un des édifices de verre et de métal représentant les plus anciennes serres de ce type construites dans le monde. Un de ces monuments est consacré aux forêts tropicales humides. Un autre, par contraste total avec le précédent, abrite les espèces de déserts et de milieux arides. La serre de Nouvelle–Calédonie héberge, comme son nom l'indique, des plantes endémiques de l'île. Elles sont regroupées en fonction de leur milieu de vie : forêt humide, forêt sèche, maquis minier, savane et mangrove. La quatrième serre présente l'Histoire des plantes et montre ainsi les adaptations successives du monde végétal et ses conquêtes des différents milieux.

* *
*

Que dire de mes conditions de vie dans ce lieu exceptionnel ? Tout d'abord je me dois de reconnaître que mes parents adoptifs, je veux dire les personnels techniques du jardin, m'ont non seulement dorloté mais surtout profondément respecté. Dans n'importe quel jardin d'agrément ou d'exposition, la forme et les dimensions des végétaux et notamment des arbres, résultent des mutilations des sécateurs et autres outils de coupe. Les jardiniers successifs qui ont veillé à mon développement ne se sont jamais autorisés à supprimer une quelconque partie, aussi petite soit-elle, de ma silhouette. J'ignore totalement la douleur et le traumatisme de la taille ou de l'élagage. Mes cousins et amis qui subissent de tels actes ne s'expriment pas à ce sujet. Il n'est pas impensable qu'ils ressentent un malaise dans la privation d'un, voire de plusieurs, de leurs rameaux, véritables membres de ces sujets. En raison du mutisme des plantes, les humains concluent qu'elles ne souffrent pas. Mais qu'en savent-ils réellement ? Un homme à qui on ampute un membre sous anesthésie ne connaît pas non plus la douleur de l'intervention mais les conséquences ultérieures sur sa vie quotidienne sont immenses. Pourquoi n'en serait-il pas de même pour nous ? En outre, notre morphologie s'établit en fonction des organes présents ou absents. Avec certaines plantes, pour obtenir une potée plus ramifiée donc plus trapue, il suffit d'éliminer les bourgeons terminaux des rameaux. C'est ce que les professionnels de l'horticulture appellent le « pincement ». Par conséquent, dès que le sécateur, voire la scie, nous rencontrent, notre aspect n'aura plus rien de naturel. L'œil humain trouve sans doute là un certain plaisir mais nous, pauvres sujets, incapables d'exprimer notre point de vue, sommes contraints de consentir à cette modification d'expression de notre patrimoine génétique. Certes le changement peut éventuellement nous séduire comme il peut nous déplaire profondément et même entraver notre avenir. Qu'à cela ne tienne, il nous faut l'accepter bon gré mal gré.

En dehors du respectueux entretien dont j'ai bénéficié de la part des jardiniers, je me suis épanoui dans une atmosphère pleine de vie et de chaleur humaine. J'ai déjà eu l'occasion de faire allusion à ces mamans accompagnant leurs enfants et aux amoureux se cachant plus ou moins pour échanger un tendre baiser. J'ai donc eu et j'ai toujours une existence enviable. Certes, quelques années avant Jésus-Christ, sur une île grecque de la mer Egée, un de mes glorieux aïeux a bénéficié d'un contexte encore plus favorable. Il a servi à abriter les consultations d'Hippocrate le père du serment des médecins. Comment alors ne pas grandir paisiblement et harmonieusement dans un tel contexte d'autant que mes proches voisins contribuent à maintenir ici un environnement de qualité ?

Mon proche environnement

A mes côtés, un chêne planté il y a 170 ans environ provient de graines originaires d'Amérique du Nord. Il se caractérise par des fruits d'une taille bien supérieure à la normale et est, pour cette raison, appelé chêne à gros glands. Il a eu la chance d'échapper à la mort contrairement à bon nombre de ses semblables. En effet, au début du XIXème siècle, deux naturalistes, les Michaux père et fils, explorent l'Amérique du Nord dans le but d'introduire en France des essences forestières en provenance de cette région. Ils créent dans cette optique une pépinière pour élever les jeunes plants sélectionnés. Lorsque ceux-ci atteignent une taille suffisante, ils les expédient au « Jardin du Roi ». Malheureusement à cette époque les voyages sont longs et les plantes ainsi transportées périssent le plus souvent. Les rares qui supportent le voyage souffrent fréquemment lors de leur repiquage et finissent par mourir elles aussi. Cependant, parfois ce ne sont pas des jeunes plants qui sont envoyés mais des semences. Ces dernières nettement moins fragiles, résistent beaucoup mieux aux conditions et à la durée du trajet. Bien que les glands aient tendance à germer immédiatement juste après leur formation, c'est sous cette forme qu'au cours de cette période, des chênes ont pu être rapatriés d'Amérique, notamment celui qui est installé tout près de moi.

Diamétralement opposé au chêne par rapport à mon lieu d'implantation, un pin indigène de l'Himalaya affiche moins de 140 ans. D'après les bruits qui circulent mais dont il conviendrait de vérifier la valeur, il semble que ce pied serait l'un des premiers introduits en France. Ses rameaux pleureurs lui confèrent un aspect un peu triste qu'égayent toutefois en partie son écorce d'un brun orangé et ses fines aiguilles d'un vert bleuté. La souplesse de ces dernières plaît aux visiteurs et en particulier aux enfants qui viennent s'y caresser avec plaisir.

A quelques mètres à l'est de ce pin, est installé un cèdre dit du Liban qui a été en fait rapporté d'Angleterre il y a près de 250 ans. Il serait, là encore selon les informations qui nous parviennent, le premier individu de cette espèce planté en France. L'histoire de cet arbre est cocasse. Au début du XVIIIème siècle, aucun cèdre du Liban n'est répertorié sur le territoire français tandis que plusieurs exemplaires se développent en Angleterre. Frustré et jaloux de cette situation, Bernard de Jussieu se rend outre-Manche où un médecin, Collinson, lui en offre deux pieds. Les mauvaises langues affirment que ces plants sont si chétifs qu'ils n'ont pratiquement aucune chance de survivre et qu'ils ont été donnés pour cette seule raison. Quoi qu'il en soit, Bernard de Jussieu emporte les plants mais, malheureusement en embarquant sur le bateau du retour, il casse les pots dans lesquels ils se trouvent. Pour protéger ses précieuses acquisitions, il les dépose dans son chapeau où elles séjournent pendant tout le voyage. A son arrivée, il met en terre ici au Jardin des Plantes, l'un des deux rescapés qui a donc bien survécu à toutes ces péripéties. J'ignore si cette histoire est vraie mais elle correspond à ce qui est indiqué sur la plaque que porte cet arbre sur son tronc d'une hauteur d'ailleurs réduite à cause d'une cassure accidentelle.

Un peu plus au Nord, entre ce cèdre du Liban et le pin de l'Himalaya, un *Ginkgo* ou arbre aux quarante écus, ramené de Chine il y a deux siècles, est considéré comme un « fossile vivant ». Ce jugement trouve sa justification dans le fait que ses ancêtres existaient déjà sous sa forme actuelle il y a plus de 100 millions d'années. Il s'agit là d'un pied mâle parce qu'on ne plante jamais de pied femelle dans les parcs. Les ovules de ces derniers dégagent une odeur pestilentielle qui s'oppose à leur présence dans les lieux publics d'agrément. Le *Ginkgo* est d'abord une plante splendide à l'automne lorsque ses feuilles deviennent toutes d'un jaune d'or avant de tomber. Ensuite, si cet arbre a traversé le temps sans dommages, c'est parce qu'il est réputé résistant à toutes les formes de pollution. Il représente l'espèce urbaine par excellence. Dans plusieurs grandes villes des Etats-Unis d'Amérique, les rues en sont bordées et les gaz d'échappement des automobiles ne semblent pas les gêner particulièrement. En outre, ils constituent les seuls survivants d'Hiroshima à la suite de l'explosion de la bombe atomique d'août 1945.

A ma droite en regardant la Seine qui s'écoule, trône un superbe érable de Crète, doyen de notre petite communauté ligneuse. Tout juste plus âgé que nous autres, il dépasse quand même les 250 ans. Endémique de Crète, il a été implanté en ce lieu par Joseph Pitton de Tournefort, un des pères de la botanique et de la classification des végétaux. Cette espèce se caractérise notamment par des feuilles trilobées, de petite taille mais épaisses, colorées en vert luisant. Ainsi que l'indique la plaque apposée sur son tronc, il bénéficie du statut d' « Arbre historique » probablement eu égard à ses deux siècles et demi mais surtout en raison de sa rareté. Il représente en effet un des seuls érables qui ne perd pas ses feuilles.

En se dirigeant vers la Seine, on trouve à quelque distance du regroupement auquel je viens de faire référence, un magnifique parrotie de Perse dont les feuilles se colorent à l'automne en rouge foncé tirant sur le violet. Puis un métaséquoia de Chine repiqué en 1948 provient de Chine occidentale où de nombreux exemplaires ont été retrouvés à cette époque alors que l'espèce était considérée comme perdue et présente seulement à l'état fossile. D'autres individus tout autant intéressants peuplent notre vaste domaine. Parmi eux je peux citer de façon non exhaustive un pistachier mâle qui permit de démontrer l'existence d'une sexualité chez les plantes en récoltant du pollen de ce pied et en le déposant sur des fleurs d'un pied femelle situé dans un jardin éloigné. Je ne saurais passer sous silence le sophora du Japon qui, comme son nom ne l'indique pas est originaire de Chine. Il provient de graines qui, envoyées par un naturaliste jésuite, portaient la mention « arbre chinois inconnu ». Un mot enfin concernant le robinier faux-acacia. Il doit son nom à Jean Robin un jardinier d'Henri IV et de Louis XIII qui en a semé des graines sur l'île de la Cité et dont le fils a repiqué plus tard un drageon dans le Jardin des Plantes, là où il demeure encore aujourd'hui.

Voilà donc sommairement décrit le cadre de ma vie. Bien qu'entouré de quelques voisins, d'aucuns n'hésitent pas à parler d'isolement à mon sujet. Ils le soupçonnent d'ailleurs d'être à l'origine de mes angoisses. Mais puis-je réellement me considérer comme un être esseulé ?

3. Isolé ? Pas vraiment !

« Sans famille »

Pour plusieurs raisons je me sens effectivement un peu esseulé, tenu à l'écart. Certes la distance qui me sépare des autres arbres et des différentes plantes est réduite. Bien entendu les visiteurs et le personnel du Jardin ont parfois, souvent même, pour moi des attentions délicates voire affectueuses ; mais je n'entretiens pas de relation de proximité permanente avec qui que ce soit, ce qui me frustre. J'aurais aimé par exemple qu'à mes pieds repose une personne, célèbre éventuellement, qui m'aurait permis de rêver à sa vie passée. J'aurais pu établir avec elle un contact physique ou simplement virtuel *via* mes racines. J'envie, et jalouse peut-être, ce grand cèdre de l'Atlas planté à Mouchamps en Vendée par Georges Clémenceau enfant et son père Benjamin pour célébrer l'avènement de la Seconde République. Il veille sur les sobres sépultures des deux hommes, dépourvues de toute inscription et simplement entourées de modestes grilles. Comme il en a de la chance ! Quand au gré des vents, ses branches sont dirigées vers ce petit enclos sans faste ni éclat, il ne peut que penser à ses illustres voisins. Il doit revoir « le Tigre » avec son célèbre calot de troupier à deux coins. Il peut même entamer la discussion avec lui puisqu'il est toujours à l'écoute. En effet, un an après la fin de la deuxième guerre mondiale le Général de Gaulle venu lui rendre hommage lui déclare : « Au fond de votre tombe vendéenne, Clémenceau, vous ne dormez pas. Certainement la vieille terre de France qui vous enterre pour toujours a tressailli avec colère tandis que le pas insolent de l'ennemi et la marche feutrée des traîtres foulaient le sol de la patrie ». Ensemble ils ont ainsi l'opportunité de débattre de la séparation des Eglises et de l'Etat si chère au radical-socialiste. La colonisation que ce dernier réprouve vigoureusement ou encore l'honneur du capitaine Dreyfus qu'il défend ardemment constituent autant de sujets inépuisables et captivants. Ce bonheur dont jouit ce cèdre, je le convoite mais en suis privé, ce qui exacerbe mon sentiment de solitude.

* *
*

Sans vouloir plagier le titre d'un roman d'Hector Malot, je me dois de constater mon total isolement du point de vue familial : aucun membre de ma tribu ne vit près de moi. Certes dans l'allée principale, des cousins se sont installés mais nous sommes trop éloignés pour pouvoir communiquer. En revanche eux qui sont alignés les uns après les autres échangent perpétuellement des informations, des points de vue, peut-être même des sentiments.

J'ignore donc tout des réunions et fêtes familiales où le plus agréable cohabite avec le plus détestable. Il paraît que dans ce contexte l'un a une histoire drôle à raconter, un autre adresse des compliments ou des paroles pleines d'attention, de sollicitude, envers une personne présente ou non. A côté de ces attitudes prévenantes, marques d'une véritable éducation, des discussions beaucoup moins affables peuvent aussi avoir lieu. Elles concernent les modes de vie de proches ou bien la politique qui, lorsqu'elle est abordée, aboutit invariablement à des insultes débouchant sur des brouilles parfois irrémédiables. Je sais tout cela grâce aux promeneurs qui en font état en passant près de moi. Bien entendu ces « braves gens » font référence dans leurs récits à ce qui s'observe chez les humains. Mais pour quelles raisons les plantes seraient-elles étrangères à ces instants où la vie de chacun se mélange un peu à celle des autres ?

Evidemment, les manifestations de ces échanges courtois, bienveillants ou déplacés voire agressifs, ne sont vraisemblablement pas identiques dans les deux règnes mais j'imagine, à tort peut-être, qu'elles doivent y exister. Mon statut d'être isolé ne me permet pas, hélas, d'en savoir davantage à ce sujet et je le regrette vivement.

De la même façon, je ne connais malheureusement pas la chaleur qui scelle les liens entre les membres d'une famille. Je n'ai pas à chercher de moyens pour aider matériellement ou moralement un enfant, un neveu, un cousin, un frère puisque je n'en ai pas à mes côtés. En retour, je ne peux pas attendre de soutien des générations plus jeunes parce qu'absentes. Une telle situation n'est guère confortable pour ma sérénité et indéniablement elle m'entraîne à divaguer. Ne pouvant proposer mes services à qui que ce soit, je m'interroge sur les raisons de ma présence sur cette terre. J'ai parfois le sentiment d'être inutile, de ne servir à rien, donc d'être de trop ! A ce titre, ne devrais-je pas disparaître plutôt que d'essayer de subsister ?

* *
*

Finalement je suis amené à me creuser l'esprit pour tenter d'élucider le sens de ma présence ici-bas. Ai-je comme mes semblables, sinon une mission, tout au moins un rôle sur cette terre ? Suis-je ici pour « habiller le tableau » ou pour assumer une fonction ? Est-ce que je sers seulement de support aux balançoires ou est-ce que j'apporte autre chose à ceux qui m'entourent ? Plongé dans cet imbroglio de questions confuses et complexes, je ne parviens pas à établir clairement les raisons de mon existence. Je m'égare peut-être dans une réflexion intellectuelle totalement irréaliste. Je devrais plus simplement accepter les termes de la fable d'Esope, « Les voyageurs et le platane » où il est dit : « En été, vers l'heure de midi, deux voyageurs, fatigués par l'ardeur du soleil, ayant aperçu un platane, se réfugièrent sous ses branches et, s'étendant à son ombre, se reposèrent. Or, ayant levé les yeux vers le platane, ils se dirent l'un à l'autre : Voilà un arbre qui est stérile et inutile à l'homme ». Par conséquent il apparaît sage d'admettre tout bonnement que nous autres les arbres ne « servons à rien ». Cependant, à cette affirmation péremptoire, le platane mis en cause par les deux voyageurs a rétorqué : « Ingrats, (...) au moment même où vous jouissez de ma bienfaisance, vous me traitez d'inutile ». Plein de bon sens, cet argument du manque de respect à l'égard de l'ombre offerte, n'éclaircit pourtant en rien mon cerveau embrumé, bien au contraire !

Toutes ces interrogations de nature anthropomorphique me conduisent à poser le problème de notre apparition à nous autres les plantes. Est-ce l'œuvre d'un Esprit suprême ? Est-ce l'effet du pur hasard ? Malgré mes longues réflexions, je n'ai trouvé aucune réponse satisfaisante à ces questions. Pour reprendre une expression du vocabulaire religieux j'accepte de reconnaître le « mystère de la vie ». Influencé par les scientifiques qui me rendent visite régulièrement, je pense être en mesure d'apporter sinon des réponses, tout au moins des éléments d'explication à la question « comment » est-on arrivé à la situation actuelle ? En revanche, l'aspect philosophique qui consiste à se demander « pourquoi » on est là, se révèle pour moi totalement inaccessible. Puis-je cependant suggérer que nous autres les plantes, et encore plus nous les arbres, sommes seuls à décider du sens que nous donnons à notre existence ? Cette hypothèse rejette implicitement l'idée que nos actes ne sont pas prédéterminés comme le conçoivent diverses croyances ou opinions. Dans cette optique, je serais né sans but ni raison, puis progressivement, en maîtrisant mon devenir en toute liberté, j'aurais confectionné ma vie. Ne suis-je pas là en train de me glisser dans les habits des existentialistes ? Ce serait bien présomptueux de ma part ! Néanmoins je trouve cette éventualité tout à fait plausible, d'autant que, comme ces hommes j'angoisse. En fait, eux et moi nous nous inquiétons face à notre propre liberté et devant le néant de la mort, lequel m'incite à vouloir prolonger ma vie *via* une descendance. Après avoir entendu ce message, qui pourra encore soutenir que les plantes ne sont pas des êtres vivants ? Quel impertinent se permettra d'affirmer que les végétaux ne pensent pas, ne réfléchissent pas, n'expriment aucun sentiment ?

Privé d'un environnement familial bénéfique quant à ma socialisation, je risquais de prendre des habitudes difficilement modifiables de célibataire endurci. Il n'en a rien été parce que j'ai toujours vécu dans un écosystème riche et particulièrement dynamique où il m'a bien fallu m'adapter pour accepter l'autre tel qu'il est et non pas tel que j'aurais aimé qu'il fût.

Des rencontres pleines de vitalité

Le Jardin des Plantes où j'habite ne rassemble pas seulement, comme son nom le suggère, une flore abondante et variée. Il héberge également une faune profuse et présentant de la diversité. Parmi ces animaux, nombreux sont ceux qui se réfugient, se cachent ou tout bonnement s'installent sur ma ramure. Tel est le cas en particulier des écureuils, des insectes et des oiseaux.

* *
*

Les écureuils qui ont élu domicile sur mes branches sont légion. Ces petits rongeurs au pelage roux ou brun et au ventre blanc, grimpant parfaitement sur mon tronc, installent leurs nids au sommet de mon fût, là où mes multiples ramifications constituent pour eux une protection. Ces abris, plus ou moins sphériques, sont faits de petites branches prélevées sur des arbres voisins et sont confortablement garnis de mousses et d'herbes récoltées non loin de là. Végétarien, l'écureuil s'attaque aux résineux qui m'entourent en les écorçant en partie, en épluchant leurs cônes et leurs bourgeons dont il se nourrit. Il récupère également dans le parc des glands, des châtaignes, des noisettes et diverses graines qu'il met en réserve dans le sol à mon pied. Très respectueux de ma personne en raison probablement de mon grand âge, il ne me dégrade nullement. Je lui sers uniquement de refuge et de cachette : en montant sur mon tronc vertical, il est capable de se plaquer pendant de longues minutes sur la face non visible pour échapper à un agresseur. Je représente aussi pour lui un lieu de plaisir amoureux à moins que ce soit uniquement un endroit propice à un acte sexuel. A la fin de l'hiver et au début du printemps, les mâles honorent leurs compagnes. De ces ébats naîtront quarante jours plus tard, des petits totalement dépourvus de fourrure, aveugles et édentés mais qui très rapidement acquerront leur morphologie adulte. D'une longévité d'une petite dizaine d'années seulement, les générations successives d'écureuils ont à peine le temps de me connaître qu'il leur faut déjà quitter notre monde. Je les aime bien ces écureuils. Ils ne me dérangent en aucune façon. Ils apportent au contraire une vitalité que j'apprécie et qui m'incite à retarder ma lente et peu réjouissante installation dans la vieillesse. Je regrette simplement de ne pas avoir la possibilité d'établir avec eux de plus durables relations d'amitié en raison de la brièveté de leur vie.

Leur simple vue déclenche en moi un sentiment de bienveillance fréquemment rencontré d'ailleurs dans les écrits et les traditions d'antan. Ainsi dès l'Antiquité, apprivoisé, constituait-il l'animal de compagnie par excellence. Puis dans la légende allemande, la couleur chaude de son pelage le fait considérer comme un être sacré. En outre, son aptitude à mettre notamment des noisettes en réserve, lui confère une image de prévoyance qui lui vaut d'être l'emblème de la Caisse d'Epargne. Mais à côté de cela il peut également faire l'objet de méfiance voire de crainte. En raison de ses promptes et incessantes fuites et de ses capacités à éviter constamment la capture, il est apparu par exemple parfois comme le représentant du diable. Sans aller jusque-là, il convient de souligner que cette créature apparemment agréable peut se muer en en véritable prédateur. Les œufs des oiseaux et éventuellement les oisillons dont il se délecte en font ainsi régulièrement les frais.

Une autre image de l'écureuil, celle d'un sage dénonçant la folie humaine, est décrite dans la littérature. Ainsi, sous la plume de Paul Fort, l'un d'entre eux dénonce-t-il les comportements humains aboutissant à la guerre, affrontement monstrueux entre des personnes. Dans un poème composé en 1917 au plus fort des combats de la première guerre mondiale, l'auteur confectionne un dialogue au prime abord léger et divertissant entre un homme et l'animal. Dans ce texte pourtant profond mais présenté sous l'aspect d'une modeste comptine, Paul Fort mélange les images d'une nature « avec … gaîté » et celles des « fous » qui en « manquent ». Il confie à l'écureuil le soin de dénoncer la guerre, folie meurtrière des hommes qu'il juge comme des « fous pour l'éternité.

* *
*

En dehors des écureuils, des insectes logent de manière très transitoire sur mes pousses ou mes feuilles. Mais leurs effectifs demeurent toujours très réduits et dans tous les cas ils ne se comportent jamais à mon égard en parasites. Si j'en crois certains spécialistes des maladies des plantes tenant conférence sous mes frondaisons, la structure de mes épaisses feuilles empêcherait tout parasite de m'inoculer ses toxines et me le rendrait ainsi inoffensif. J'ignore si cette remarque résulte d'une démarche scientifique mais le fait est que dans notre famille rares sont les maladies qui nous atteignent.

Il peut cependant sembler surprenant que, compte tenu de l'importance et de la diversité des populations entomologiques, les agressions à notre égard demeurent aussi limitées. Je viens de souligner que notre anatomie foliaire rebute les habituels insectes se nourrissant de feuilles. Nos amis les conifères dont les feuilles sont limitées à des aiguilles recouvertes d'une épaisse couche protectrice offrent, eux, des aires d'accueil aux chenilles processionnaires. Moins chanceux que nous, ils sont donc victimes d'attaques, ce qui prouve que la structure foliaire n'est pas seule responsable d'une résistance ou même seulement d'une tolérance, à ces larves de papillons qui se révèlent très affaiblissantes voire délétères. Par ailleurs, certains insectes qui consomment ou détériorent le bois, nous évitent complètement, préférant s'en prendre à d'autres espèces. Parmi ces petits animaux, les larves de quelques-uns d'entre eux s'en prennent à l'aubier. Cette partie du bois relativement tendre est située juste sous l'écorce et assure seule la circulation de la sève. D'autres en revanche se tournent plutôt vers le bois de cœur très dur. Tous ces jeunes organismes creusent des galeries dans les différentes parties du bois. Celles réalisées dans l'aubier perturbent et surtout freinent l'ascension de la sève vers le haut des arbres, ce qui se traduit par un affaiblissement du sujet. Là encore, dans notre famille nous ne connaissons pas ces soucis.

La présence extrêmement limitée des insectes sur notre corps constitue, on vient de le dire, un avantage indéniable. Par contre, elle peut constituer dans le même temps un inconvénient. En effet la lutte biologique qui se destine à la destruction des ravageurs ou uniquement à leur action, utilise des auxiliaires qui, la plupart du temps sont des insectes, non pathogènes bien entendu pour les végétaux à protéger. Or depuis quelques années, les directions des parcs et des jardins tentent de remplacer les traitements chimiques par des moyens biologiques dont la lutte est l'exemple type. En effet les composés traditionnellement utilisés contre la prolifération des insectes nuisibles et en particulier des pucerons sur les arbres d'alignement, tuent toutes les espèces sans distinction. De plus, les substances appliquées par pulvérisateurs dans la majorité des cas, se répandent inévitablement sur le sol d'où elles gagnent les nappes phréatiques. Pour remplacer ces procédés, des prédateurs des pucerons notamment sont élevés sur les arbres concernés ou sur ceux qui leur sont proches. Véritable répulsif à insectes, je ne peux donc pas accueillir sur moi ces populations destinées à protéger mes voisins. Je le regrette vivement mais suis impuissant pour contrecarrer cette situation.

* *
*

Avec les écureuils et les insectes, les oiseaux constituent un autre groupe de mes locataires. C'est d'ailleurs le plus important en nombres d'espèces et en représentants de chacune d'entre elles. Ainsi, les hirondelles viennent-elles me rendre quotidiennement visite l'été mais elles ne nichent pas sur moi. Elles préfèrent les vieux murs tels ceux des bâtiments de la ménagerie du Jardin. Elancées, au plumage coloré en noir avec des reflets bleutés sauf au niveau du poitrail blanc, à la queue échancrée en « V », elles s'installent sur mes branches pour se reposer avant de reprendre leur vol. Au cours de celui-ci elles s'alimentent fréquemment de petits insectes en suspension dans l'atmosphère. Un peu plus massifs, les merles noirs au bec jaune font leur nid sur mes branches peu élevées. Ils n'y résident guère et investissent plutôt le sol, et en particulier les pelouses, où ils recherchent les vers de terre. En période de fructification, ils envahissent les arbres et arbustes du parc pour se délecter de leurs productions, avec une attention toute particulière pour les baies des sorbiers. Des mésanges s'installent également chez moi. Qu'il s'agisse de celles à longue queue ou bien des charbonnières ou encore des bleues, elles ont toutes la tête à peine détachée du reste du corps et un bec très court. Elles n'osent pas, me semble-t-il, m'agresser de quelque façon que ce soit : elles n'inspectent pas mon écorce pour y rechercher des petits animaux cachés destinés à leur nourriture. Elles effectuent cet exercice sur les autres arbres du parc. Je suis très sensible à cette marque de déférence. Comme partout, des moineaux sont présents ici. Leur corps essentiellement marron porte des rayures longitudinales noires tandis que leur tête et leur croupion sont gris. Je distingue aisément les mâles aux couleurs plus intenses, des femelles aux habits plus ternes. Ce petit monde commun dans tous les lieux, se déplace prioritairement sur le sol où il sautille afin de satisfaire ses besoins alimentaires en graines, insectes et miettes laissées par les humains. Même si les moineaux se regroupent en colonies imposantes sur mes pousses avant de partir à la recherche de leur nourriture, ils ne nichent pratiquement pas chez moi. Bien entendu, à l'image de ce que l'on peut constater dans toutes les villes, les pigeons abondent dans le Jardin. De bonne taille, gris dans l'ensemble mais avec une tache blanche au niveau du cou, un ventre roux, un bec vermillon terminé par une pointe jaunâtre, ils patientent de longues heures perchés sur mes branches. Ils édifient leurs nids sommaires à l'intersection de deux de mes branches. Depuis quelques années seulement, les pies se sont multipliées de façon incroyable. Elles pullulent véritablement partout, dans les villes aussi bien que dans les campagnes. Le Jardin des Plantes n'y fait pas exception. Magnifiques oiseaux au dos noir à reflets bleu marine, au ventre blanc et à la longue queue noire, ils installent très haut dans mon houppier des nids en forme de grosses boules faites de petites branches. Bien qu'elle ne me crée aucun dégât, je n'aime pas beaucoup la pie. Bavarde, comme le souligne la sagesse populaire, elle jacasse sans cesse bruyamment, ce qui me perturbe indéniablement. Par ailleurs, méchante, elle n'hésite pas à agresser, même avec violence, de petits animaux. Mal à l'aise face à ce comportement, je ne peux pas en approuver l'auteur et ne range donc pas la pie dans mon album d'amis. En revanche j'éprouve beaucoup de sympathie pour la sittelle. Elégant volatile de petite taille, d'un gris ardoise sur le dos, d'un orange-marron sur le ventre, maquillé d'un trait noir horizontal passant par l'œil, muni d'un bec pointu, il représente l'archétype arboricole. Son chant utilisant un large registre me plaît bien. Je l'admire en outre lorsqu'elle descend le long de mon tronc, la tête en bas. Je crois avoir entendu dire que, ce faisant, elle réalisait un exploit dans la mesure où les autres oiseaux en sont incapables.

Frédéric Jiguet, ornithologue au Muséum National d'Histoire Naturelle enclavé dans notre Jardin, a, des fenêtres de son laboratoire, un accès direct sur notre parc. Il y observe avec passion et professionnalisme tous ces oiseaux qui nous rendent visite. Il les décrit avec précision dans un ouvrage intitulé « 100 oiseaux des parcs et des jardins ». Tous ceux qui y apparaissent ne me sont pas forcément familiers. En revanche, les quelques-uns dont je viens de parler sont tous pris en compte sans exception dans son livre. Ils y sont présentés de manière scientifique en soulignant leurs caractéristiques morphologiques, en précisant les différences éventuelles entre les diverses variétés d'une même espèce. Ce n'est pas, bien entendu, la démarche que j'effectue. Ce qui retient mon attention, ce sont ces êtres vivants qui daignent partager un instant de leur vie avec moi. Peu m'importe qu'ils appartiennent à tel groupe systématique ou à tel autre. Frédéric Jiguet et moi n'avons pas les mêmes pôles d'intérêts et cet état de fait n'a rien de honteux, bien au contraire.

Toute cette faune qui vit avec ou sur moi m'évite de m'enfermer dans mes soucis personnels. Elle m'incite à partager son dynamisme, parfois même son inconscience. En un mot elle m'aide à relativiser mes angoisses et à poursuivre ainsi assez agréablement une vie que, finalement, beaucoup m'envient. Par ailleurs, à côté de ces animaux qui m'apportent donc beaucoup, des humains participent également à ma bonne santé psychique.

Des rencontres pleines d'humanité

Que de personnes, pour diverses raisons, sont venues sous mes branches pour y passer un moment tranquille ! Je n'en ai pas établi la liste exhaustive mais je conserve en mémoire quelques cas qui m'ont plus particulièrement marqué.

Un triste souvenir tout d'abord. Un après-midi d'été, un jeune homme d'une bonne vingtaine d'années, de belle prestance, soigné dans sa tenue, vêtu d'une chemise claire bien repassée et d'un pantalon de bonne facture, s'assied sur le banc qui me fait face. Une fois installé, il fouille dans les poches de sa chemise. De l'une d'elles, il sort un petit étui en cuir destiné à contenir et à protéger habituellement un stylo. Il l'ouvre et dégage un ustensile qui, étonnamment, ne ressemble pas à un accessoire d'écriture mais qui évoque plutôt dans mon esprit une seringue. De l'autre poche il extrait une sorte de cordon d'une cinquantaine de centimètres de longueur et un petit flacon. J'ai tout de suite pensé qu'il s'agissait d'un scientifique venu ici effectuer des récoltes de matériel pour ses études. Mais quelle n'est pas ma surprise de le voir remonter l'une des manches de sa chemise pour installer au-delà du coude et autour de la base du bras, le cordon récupéré il y a un instant. Puis, à l'aide de ce qui se révèle bien être une seringue, il aspire du liquide contenu dans le récipient provenant d'une des poches. Sans se cacher, sans s'occuper des yeux qui pourraient l'observer, il s'injecte au pli du bras l'échantillon qu'il vient de prélever. Après cet acte, très consciencieusement et sans précipitation, il referme le flacon, desserre le garrot et remet tout son matériel dans son lieu d'origine. Je reste coi, stupéfié par le spectacle qui s'est déroulé devant moi. Il n'y a aucun doute : cette personne ne s'est pas appliqué un traitement médical indispensable à sa santé à ce moment précis ! Non, de toute évidence elle s'est administré une dose de substance psychotrope, un stupéfiant, de la drogue en un mot, à la vue de tous. Jusqu'alors j'avais une image toute faite de ce monde usant et abusant des substances à consommation illicite. Le drogué était pour moi un petit voyou à la tenue plutôt négligée, se cachant pour satisfaire ses besoins incoercibles. Il pouvait aussi se présenter sous l'aspect de ce que l'on nomme des « peoples », ces personnages publics du spectacle ou des médias, à l'apparence irréprochable, s'adonnant seuls ou ensemble à leurs addictions mais toujours à l'abri des regards extérieurs. Jamais au grand jamais, je n'avais imaginé qu'un individu somme toute banal, « normal » comme dirait un Président de la République, puisse, aussi tranquillement et sans la moindre discrétion, s'administrer ainsi une dose de produit en réponse à un manque insurmontable.

D'autres rencontres hélas, ne se sont guère révélées plus joyeuses. J'ai en mémoire et conservée de façon quasi indélébile, la vue de clochards totalement démunis venus passer un moment sur ce banc qui m'accompagne depuis si longtemps et qui m'a offert tant de spectacles. Par une belle journée d'hiver au ciel azur sans le moindre nuage, deux hommes d'une cinquantaine d'années, habillés de vêtements usés, percés par endroits, sales, s'asseyent devant moi. Ils poursuivent une discussion entamée très probablement depuis un certain temps. Bien que je ne cherche pas à la suivre, ni encore moins à porter un quelconque jugement sur leurs propos, j'entends parfaitement leur conversation. Ils échangent au sujet du lieu où ils passeront la nuit qui est plus que fraîche à ce moment. Les centres d'hébergement ne trouvent pas grâce à leurs yeux. Certes on y fournit un lit confortable, des sanitaires, un repas simple mais chaud. En revanche la promiscuité leur apparaît comme totalement rédhibitoire. Dans les chambres, ou encore pire dans les dortoirs, les lits sont si proches les uns des autres qu'ils donnent l'impression d'accueillir plusieurs hôtes sur un matelas unique. Dans ces conditions, adieu l'intimité, la tranquillité et même la dignité. Non ! Pour cette nuit comme pour les précédentes, il faudra regagner la dalle de l'université de Jussieu avant la fermeture des grilles et se cacher, dès l'arrivée, dans les toilettes jusqu'au passage des gardiens vers 21 heures. A partir de ce moment il deviendra possible et sans pratiquement de risques de s'installer sur le palier d'un laboratoire dans l'une des cinquante et quelques tours du domaine. Au petit matin, vers 6 heures, la démarche inverse devra être effectuée. Une fois ce problème résolu, les deux compères décident d'arroser la solution adoptée, comme ils le font vraisemblablement chaque soir. L'un d'eux sort alors une bouteille d'un sac en jute, sans doute clair à l'origine mais coloré aujourd'hui en gris intense à la suite d'utilisations quotidiennes dans des conditions de propreté plus que précaires. Après avoir retiré le bouchon, il porte la bouteille à ses lèvres et avale une gorgée du vin rouge qu'elle contient. Puis il essuie le goulot de la paume de la main et présente le flacon à son collègue qui en boit lui aussi une rasade. Bien qu'il s'agisse de toute évidence d'un breuvage de piètre qualité, les deux hommes semblent l'apprécier et paraissent heureux. Je trouve particulièrement triste et dégradant de laisser ainsi des personnes à l'abandon. Ils ont peut-être choisi cette vie sans contrainte et, en un sens, de liberté totale mais la société humaine leur a-t-elle proposé d'autres choix ? Ces deux hommes, comme bien d'autres d'ailleurs, sont-ils voués à ne jamais connaître un lieu de résidence convenable ? Acquerront-ils un jour la dignité qui leur fait complètement défaut aujourd'hui ? Comment peut-on, sans scrupules, laisser certains de ses proches sur le bord du chemin ? A nous autres les plantes, de telles situations sont absolument étrangères. Face à elles nous sommes désorientées et pour ma part, non seulement je ne parviens pas à comprendre ce phénomène mais, de plus, je me trouve démuni, ne sachant pas comment réagir.

Ces tristes confrontations avec la misère m'ont ému et profondément marqué, c'est pourquoi je ressens le besoin d'en faire état. Mais à côté de ces rencontres pénibles pour moi, les spectacles donnés par les humains m'ont procuré bien davantage de plaisir que d'amertume. A cet égard, je pourrais multiplier les exemples en rappelant, entre autres, la joie des grands-mères passant sur le banc une partie de l'après-midi avec leurs petits-enfants. Elles leur montrent toute la richesse du Jardin, leur font des recommandations pour respecter la nature et leur proposent, le moment venu, un goûter « fabriqué maison » dont les enfants se délectent. L'expression de cet amour manifeste partagé entre ces deux générations contribue à effacer en partie mes angoisses perpétuelles. Dans le même ordre d'idées, il me serait également possible de faire allusion à tous ces couples, légitimes ou non, venus échanger des mots doux et des baisers devant moi. Ils s'aiment de toute évidence, se le disent avec des mots simples et repartent heureux de ces instants, pas toujours licites mais ô combien charmants et enivrants, passés ensemble. Mais ce qui frappe le plus ma sensibilité concerne les adolescents ou les jeunes gens qui se déclarent leur flamme ou entament un flirt sur ce banc si chargé d'histoires. L'enchaînement des événements est pratiquement toujours identique. Dès leur installation ils abordent des questions d'emploi du temps. Quelles sont les épreuves scolaires ou universitaires à venir ? Quels sont les créneaux de liberté de chacun qui pourront être mis en commun ? A quoi sera consacré le prochain week-end ? Puis la conversation glisse vers la famille : doivent-ils accompagner leurs frères ou leurs sœurs, ou veiller sur eux, ou bien sont-ils plus ou moins partiellement dégagés de ces obligations ? Les parents ont-ils, vis-à-vis de leurs rencontres, des exigences particulières constituant des freins voire des barrières difficiles à surmonter ? Lorsqu'ils se rendent compte que finalement rien de fondamental ne devrait entraver le proche avenir, le garçon commence à caresser la main de la jeune fille puis l'enserre dans la sienne. Progressivement et de manière naturelle, tout en abordant divers sujets, l'avant-bras et le bras féminins font l'objet d'attouchements pleins de tendresse. Ainsi peu à peu, la main masculine approche du visage de la partenaire qu'elle effleure avec douceur et qui lui répond par un sourire approbateur. Souvent, à ce moment les réserves dont la complice faisait preuve jusqu'alors, s'estompent. La main non exploratrice du garçon est saisie presque timidement puis véritablement emprisonnée dans les doigts commandés par un cerveau faisant désormais abstraction des convenances. Les étapes suivantes sont immuables : bras du jeune homme autour du cou de la jeune fille, bascule de la tête de cette dernière sur le thorax viril, rapprochement des deux têtes et enfin des lèvres. Des battements réguliers des joues indiquent les mouvements synchronisés des langues échangées. Ces amourettes naissantes auront-elles un avenir ? Pour certaines mais rares je l'avoue, j'ai eu l'immense joie de retrouver les intéressés plusieurs semaines, mois et années après mon parrainage de leur première rencontre. Un couple est même revenu sur les lieux avec ses enfants pour leur montrer l'endroit sans lequel cette famille n'aurait pas vu le jour.

En immersion dans un tissu humain m'apportant un peu de tristesse mais surtout beaucoup de bonheur et plongé dans un contexte débordant de vitalité, j'en oublie l'absence de parents autour de moi. Cependant je me demande parfois si les autres platanes rencontrent des conditions d'existence comparables ou non aux miennes. Au sein de notre famille qui ne constitue jamais de regroupements forestiers, trois grands ensembles peuvent être distingués : les « arbres de la liberté », ceux alignés le long des voies de circulation et enfin les « citadins ». Qu'en est-il alors de la façon de vivre de chacun d'eux ?

4. Les conditions de vie des autres membres de ma famille

Les arbres de la liberté

En raison de sa longévité, certains disent de son immortalité, l'arbre a de tout temps symbolisé l'éternité. De plus, par sa stature souvent imposante, il représente la force, la puissance. Aussi les diverses communautés, religieuses ou non d'ailleurs, ont-elles choisi l'un de ceux-ci comme emblème. La Bible fait ainsi référence à deux arbres mystérieux du jardin d'Eden, celui de la vie et celui de la connaissance du bien et du mal. Dans la tradition chinoise, « l'arbre du monde » qui est dressé, suggère un lien entre la Terre et le Ciel. Toujours dans cet ordre d'idées, le mot « druide » dont l'étymologie est discutée signifierait « chêne » pour certains. Il existerait donc dans ce cas particulier un lien direct entre le nom d'un arbre et celui d'un prêtre celte. On ne peut pas ignorer non plus le frêne Yggdrasil qui, dans la mythologie scandinave, est considéré comme le support de l'univers. De même, il n'est pas possible de faire abstraction de l'importance de l'olivier dans l'Islam ou du figuier des pagodes dans la religion bouddhiste. Dans ces conditions, les révolutionnaires français de 1789 ont été amenés à manifester leur victoire sur l'autoritarisme et la contrainte par la plantation d'arbres dits « de la liberté ».

Ces derniers ont été installés sur les lieux les plus fréquentés des communes telles les places importantes comme celles des églises par exemple. Spontanées à l'origine, peu, voire pas du tout encadrées, ces plantations sont devenues très réglementées par la suite : un décret de la Convention de 1794 en ordonne la réalisation dans chaque village. Elles se déroulent alors de manière très solennelle en présence des édiles et des autorités locales notamment celles du clergé. Elles rassemblent les populations qui profitent de ce moment pour décorer l'objet de la manifestation avec moult fleurs, rubans, cocardes tricolores et autres drapeaux avant de terminer la journée par un banquet dansant. A propos des espèces végétales impliquées dans ces opérations, la réponse la plus fréquemment entendue aujourd'hui concerne le chêne. Certes dès 1790, le curé de Saint-Gaudent dans la Vienne donne l'exemple en prélevant un chêne dans la forêt voisine et en le repiquant sur la place publique. Mais rapidement le peuplier a pris le pas du fait sans doute de son aisance à la reprise de végétation. En outre et ce n'est certainement pas négligeable, son nom évoque le peuple sans pour autant, semble-t-il, en être étymologiquement dépendant. Puis des tilleuls, des ormes et des marronniers ont été utilisés. Enfin des platanes ont servi à ce type de festivités patriotiques.

D'abord considérés comme des biens publics, ces arbres sont entretenus avec soin par la population. Leur atteinte, aussi minime soit-elle est sanctionnée par l'administration qui édicte des textes en ce sens. Ainsi, un décret de la Convention ordonne-t-il aux coupables de l'abattage d'un arbre de la liberté dans le Tarn, de réparer cet acte à leurs frais. Malgré cette vigilance et cette répression, les opposants à la Révolution désireux d'éliminer l'un des symboles du mouvement, détruisent bon nombre de ces arbres. Lorsque les auteurs de ces délits sont identifiés, ils sont sévèrement condamnés, éventuellement même à mort. Dans ces conditions, peu d'arbres de la liberté survivent, d'autant plus que les régimes politiques qui suivent ordonnent parfois d'arracher les rares vestiges emblématiques de l'insurrection. A ce jour, c'est justement dans ma famille que l'on retrouve surtout des exemplaires pérennes de ces arbres de la liberté. A Payré-sur-Vendée, petite commune désormais rattachée à sa voisine Foussais, un platane planté au lendemain de la Révolution illustre à merveille la notion d'espèce vivace. Son tronc d'une circonférence de 5 mètres environ, sa hauteur proche des 40 mètres, la largeur de sa couronne de 30 mètres environ, suscitent le respect, même si son écorce ornée de sortes de bourrelets fait penser au ventre flasque et gras d'un vieillard ayant abandonné depuis longtemps l'exercice physique. Mais si cette figure imposante a traversé l'Histoire sans trop de difficultés, elle n'en a cependant pas moins perdu sa cime. Par conséquent, sa hauteur actuelle pourtant impressionnante, ne reflète pas toutes les potentialités de développement dont cet être était doté. Même s'il donne l'impression de se bien porter, mon cousin vendéen apparaît donc quelque peu handicapé par une décapitation, heureusement non mortelle chez les végétaux. A Bayeux dans le Calvados, un autre platane de la liberté assume également avec bonhomie son statut de rescapé. De quelques années mon cadet, il exhibe des mensurations comparables à celles du vendéen sauf pour ce qui concerne sa hauteur qui est très supérieure en raison de la préservation de son sommet. Ce développement majestueux lui a valu le label « d'arbre remarquable de France ». Fruit d'une reconnaissance honorifique, certes flatteuse, cette distinction ne se double d'aucun avantage réel. Mais en recherche-t-il réellement un, lui qui trône près de la cathédrale dans la partie la plus prisée de la ville où il est admiré par les habitants et visiteurs ?

En résumé, nombreux ont été les platanes installés en terre avec la griffe « arbres de la liberté » et plus que rares sont ceux qui ont survécu à ces événements et qui subsistent encore aujourd'hui. La branche familiale des platanes de la liberté s'est donc véritablement décharnée. Qu'en est-il de l'autre, celle des arbres plantés le long des axes de circulation ?

Les arbres alignés le long des voies de circulation

Dans une lettre patente royale, ancêtre de nos décrets actuels pris en Conseil d'Etat, Henri II, le premier semble-t-il, « enjoint de planter des ormes le long des chemins et voiries » pour « les besoins de chacun et pour les affûts et remontages de l'artillerie ». Puis son troisième fils, Henri III, succédant à ses frères aînés régnant successivement sous les noms de François II et de Charles IX, signe un édit. Celui-ci intime l'ordre de planter des ormes, des noyers et d'autres essences, le long des chemins publics pour empêcher les riverains d'empiéter dessus et d'augmenter ainsi indûment leurs propriétés aux dépens du domaine communautaire. Il faut ensuite attendre un arrêt de Louis XV pour obliger au creusement de fossés de part et d'autre des voies et à distance d'elles pour maintenir leur largeur. En outre ce texte affirme la responsabilité des riverains quant à l'entretien de ces fossés et leur impose de planter des arbres sur leurs terres au-delà des fossés. Sur les routes en terre battue le passage soulève énormément de poussière. Pour lutter contre, l'Etat généralise dès le XIXème siècle l'installation d'arbres avant de goudronner ces voies.

A ce jour et d'une manière générale, les arbres des bords de routes ont une existence parfaitement justifiée ne résultant aucunement d'une décision arbitraire prise dans un bureau administratif quelconque. Ils sont placés en des lieux déterminés pour retenir l'eau par exemple ou bien pour ombrager les axes de circulation et apporter confort et surtout sécurité aux chauffeurs. Toujours dans le domaine de la prévention, ils s'opposent aux effets des vents violents et dans certains endroits contribuent à maintenir le sol en place face aux précipitations abondantes.

Du point de vue des espèces ainsi implantées, les platanes sont largement majoritaires. Par rapport à d'autres arbres, leur écorce particulièrement claire permet de les repérer plus aisément, surtout la nuit. A côté d'eux des érables, des peupliers et des tilleuls sont les plus fréquemment rencontrés. Des essences plus rares telles que les noyers, les chênes, les frênes et les merisiers ont également été installées. Quelques ormes en nombre limité, non atteints par la destructrice graphiose sont encore présents. Ici ou là, des tentatives de plantation d'espèces exotiques comme le tulipier de Virginie ont récemment eu lieu.

* *
*

A propos des plantations d'arbres sur les bords de routes, Georges Pompidou alors Président de la République affirme que leur « sauvegarde (...) est indispensable pour la beauté de notre pays, pour la protection de la nature, pour la sauvegarde d'un milieu humain ». Mais ce point de vue n'est pas unanimement partagé en raison des accidents qui y ont lieu et en particulier de ceux qui ont entraîné la mort.

Mais soyons un peu raisonnables. Sont-ce les arbres et notamment les platanes qui attirent à eux les usagers ou sont-ce les conducteurs qui, ne respectant pas suffisamment les consignes les plus élémentaires de sécurité, se jettent sur eux ? Des arguments certes de bon sens mais éminemment discutables ont été développés à cet égard. Le journaliste John Lichfield par exemple soutient que « les platanes, contrairement à de nombreux automobilistes français, n'abusent pas de l'alcool, ne commettent pas d'excès de vitesse [ni] d'embardées ». La question de la responsabilité des morts à la suite d'un choc entre un véhicule et un arbre et notoirement un platane, reste pour le moment sans réponse. Cependant des personnes n'hésitent pas à intervenir avec violence dans ce débat. Alors qu'un motard s'est tué en percutant l'un des membres de ma famille, les amis du défunt se sont regroupés pour éliminer près d'une centaine de platanes voisins. Pour des raisons identiques, dans le Gers, à peu près 20 000 représentants de notre phylum ont été supprimés en 20 ans.

Mais les accidents et les morts qu'ils entraînent ne résultent pas toujours de chocs entre véhicules et tronc d'arbres. Ainsi certains arbres vieillissants ou en mauvais état sanitaire peuvent être déracinés à la suite de pluies torrentielles accompagnées de violentes tempêtes. S'ils chutent alors sur une voiture passant à ce moment, les conséquences peuvent être dramatiques. Il en va d'ailleurs quasiment de même lorsque seulement de grosses branches se détachent et tombent sur la chaussée.

* *
*

On ne peut pas parler des platanes des bords de routes et passer sous silence ceux des berges de cours d'eau dans le midi notamment. D'un effectif de 70 000 environ, ils sont inscrits sur la liste du patrimoine mondial de l'Unesco mais sont malheureusement tous appelés à disparaître. D'abord leurs racines mettent à mal les berges et les pistes cyclables aménagées auprès d'eux. Mais surtout, un champignon, le chancre coloré, vecteur d'une maladie mortelle contre laquelle à ce jour aucun traitement curatif n'est véritablement actif, entraîne inexorablement leur arrachage. Seule la découverte de plants résistants à cette maladie pourrait permettre d'envisager de les remplacer mais en ce domaine la recherche est laborieuse et ses résultats se font, hélas, attendre. Toutefois ces derniers temps, le recours à la lutte biologique utilisant une bactérie semble pouvoir constituer une solution. Il conviendra pourtant d'attendre d'avoir un réel recul pour l'affirmer sans réserve.

Finalement qu'il s'agisse de mes ancêtres symbolisant la liberté ou de ceux plantés le long des routes ou des cours d'eau, peu nombreux sont ceux qui ont résisté à l'épreuve du temps. Que dire alors de ceux installés dans les villes ?

Les arbres des villes

Si les platanes ont été introduits dans les villes, c'est principalement en raison de l'importance de leurs frondaisons. Leurs longues branches portant un abondant feuillage de très grande taille concourent à la formation de vastes surfaces ombragées, surtout dans les régions méridionales. Or les feuilles sont, chez les végétaux, les organes de la transpiration. Les lois élémentaires de la physique permettent de comprendre que l'évaporation de l'eau à leur niveau entraîne une baisse de la température à proximité. Effectivement sous les platanes règne une atmosphère un peu plus fraîche qu'ailleurs. C'est la raison pour laquelle les joueurs de boules investissent ces lieux qui, constitués par des alignements parallèles de platanes, sont ainsi protégés du rayonnement solaire et de la chaleur. De même, à la belle saison, sur les places de villages où des platanes ont été plantés, se déroulent les fêtes locales et éventuellement certains banquets populaires. Dans quelques villes importantes des enfilades de ces arbres génèrent des ombres appréciées du promeneur et des enfants dont les parents se reposent sur des bancs tout en les surveillant.

Outre ces intérêts que présentent les platanes alignés dans les villes, des pieds isolés y ont parfois été installés en raison tout simplement de leur beauté. Ici ou là, autour de moi dans le Jardin des Plantes, ou bien un peu plus loin dans le parc Monceau dans le 8ème arrondissement, ou encore à Cabannes en Provence où l'un d'entre eux est baptisé du nom de « platane sauvage », ou enfin à Santenay en Bourgogne où il aurait été installé à l'époque d'Henri IV. Ce dernier est considéré comme le plus vieux de notre famille. Mais s'il est effectivement beaucoup plus âgé que moi, les spécialistes disent de lui qu'il n'a pas mon élégance. Je me garderai bien d'exprimer le moindre jugement à ce sujet !

En dehors de l'attrait résultant de son important système foliaire et de son esthétisme, le platane a pu être introduit en ville avec succès pour sa parfaite adaptation aux conditions difficiles. Les effets des pollutions urbaines lui sont quasiment inconnus. Bien que cet arbre apprécie les sols légers et profonds, il est tout à fait apte à se développer sur un support compact et recouvert de bitume comme le sont les avenues où il est planté. De même, tandis qu'il préfère le soleil et la chaleur, il supporte bien les climats plus rigoureux du nord et des moyennes montagnes. Toutefois, pour capter la pleine lumière qui lui est indispensable, il a un besoin absolu d'espace. La promiscuité lui est totalement étrangère. Le voisinage proche entrave sa croissance. Pour cette raison, il ne constitue jamais de forêts.

* *
*

Les platanes de ville proviennent des nombreuses plantations effectuées au cours de l'Histoire. Au XVIIIème siècle les nobles, désireux de copier les jardins de Versailles, en installent sur leurs terres. Celui de Cabannes dont il vient d'être question est le seul survivant de ceux qu'un seigneur des lieux a mis en terre à cette époque. Plus tard, notamment dans le Sud-Est, des platanes bordent les voies de circulation périphériques ou pénétrantes construites à la place des anciens remparts des cités. Tel est le cas du cours Mirabeau à Aix-en-Provence. Mais si entre le XVIIIème et le XIXème siècles, les platanes connaissent, dans les villes, une augmentation importante de leur nombre, à partir des années 1950-1960, ils sont progressivement éliminés. L'élargissement des axes routiers, rendu nécessaire par la montée en puissance du trafic, constitue la cause essentielle de leur arrachage, non suivi de nouvelles plantations.

Dans certaines villes méditerranéennes, on substitue à de magnifiques platanes des palmiers provenant du Maghreb. Le coût de ces opérations est fort élevé et la reprise des nouveaux pieds assez aléatoire. Seules de louches motivations préélectorales destinées à « enjoliver » la cité avant les scrutins semblent guider les édiles en place et désireux de le rester. Toujours dans la même région et dans un contexte similaire, des platanes ont été remplacés par des arbres en pot en plus grand nombre. Les candidats n'hésitent pas alors à soutenir dans leur campagne : « La municipalité plante des arbres » !

La vie des arbres en ville est donc risquée d'autant plus que le chancre coloré auquel il a déjà été fait allusion, sévit également dans les villes. Ainsi sur le cours Mirabeau d'Aix-en-Provence, quelques pieds atteints doivent aujourd'hui être supprimés. Dans ces conditions, nos effectifs ont considérablement diminué et les sujets qui survivent sont désormais excessivement rares. Ce triste bilan pose, bien entendu, la question de notre pérennité : sommes-nous capables, eu égard à notre faiblesse quantitative, d'assurer des descendants susceptibles de maintenir la biodiversité ? Tenter d'y apporter une réponse exige de réfléchir en tenant compte des modalités de nos possibilités de propagation.

* *
*

Depuis plusieurs années les constructions sont autorisées à condition de préserver ou d'aménager des espaces verts autour. La législation et la réglementation relatives à ces travaux sont devenues beaucoup plus contraignantes. Ainsi l'arrachage d'arbres sur un terrain où une maison doit être édifiée est-il obligatoirement suivi de la plantation du même nombre de nouveaux sujets. Mais n'est-ce pas là une forme d'hypocrisie dans la mesure où un arbre adulte âgé de plusieurs dizaines d'années peut être remplacé par un thuya de haie ? Une autre considération tout aussi contestable concerne l'ordre des opérations. Rien n'oblige à mettre en place la végétation avant la construction. Dans ces conditions elle sera installée au terme des travaux là où il restera de la place laquelle fait souvent défaut à ce moment. Dans son ouvrage « Du bon usage des arbres – un plaidoyer à l'attention des élus et des énarques », Francis Hallé rapporte des paroles de Caroline Mollie qui rappelle : « C'est en pleine campagne que les Champs-Elysées ont été tracés et plantés d'arbres par Le Nôtre, d'où l'exceptionnelle beauté de la célèbre avenue ».

En plus de cette façon de procéder, la plantation d'arbres et donc de platanes en ville doit impérativement tenir compte d'un certain nombre de facteurs. Si les hommes nous aiment vraiment, il leur faut dépasser notre mutisme pour nous offrir tout ce dont nous avons besoin sans jamais l'exprimer. Dans le même temps ils doivent aussi éviter les brutalités à notre encontre. J'ai déjà eu l'occasion de faire allusion au volume du sous-sol requis par nos racines mais difficile à évaluer. L'espace aérien indispensable à notre développement est lui plus aisé à appréhender et ne doit, en aucun cas tenir compte d'éventuels futurs élagages. Ces derniers modifient irrémédiablement notre physiologie et, à ce titre, nous devrions pouvoir les refuser. Mais comme le langage ne nous a pas été donné, nous sommes réduits, à contrecœur, à subir sans réagir. Pire, les blessures ainsi subies constituent des portes d'entrée idéales pour les micro-organismes pathogènes. Il en va de même avec les chocs que peut recevoir notre tronc. En ville, les grosses voitures munies d'énormes pare-chocs de protection ou simplement « décoratifs » n'hésitent pas à terminer leurs manœuvres en appui sur nous, détériorant ainsi notre écorce et éventuellement les tissus sous-jacents. Bactéries, champignons et autres agresseurs s'engouffrent alors dans ces brèches et signent le cas échéant notre futur bulletin de décès. Aussi au nom de tous les arbres, platanes ou non, je réclame un peu de civilité à notre égard.

Dans le cadre des démarches à entreprendre avant de décider pour nous une assignation à résidence, des nouveautés m'apparaissent rassurantes, voire sympathiques. A Montpellier par exemple, un atelier de modélisation du développement des arbres a vu le jour récemment. Composé de scientifiques de haut niveau en relation permanente avec les physiologistes, il est capable de prévoir la silhouette d'un arbre au bout de 50, 100 ans et même davantage. Ces spécialistes appliquent tout simplement les lois de la croissance en tenant compte des influences climatiques. Une consultation de ce cabinet d'experts devrait être obligatoire avant toute implantation d'arbres. Toujours au niveau des innovations, je ne peux m'empêcher de signaler les travaux entrepris pour tenter d'installer des arbres sur les quais des métros. En ces lieux non dédiés *a priori* à l'épanouissement végétal, quelques aménagements pourraient se révéler suffisants. En effet la lumière y est présente, même si elle doit être un peu augmentée et améliorée en qualité. La température y est quasi constante et l'humidité tout à fait conforme aux exigences des plantes. Les seuls véritables écueils tiennent d'une part au vent permanent qui souffle, d'autre part à la faiblesse de la hauteur disponible et enfin au substrat de culture qui devra forcément être artificiel. Peut-être alors demain les troncs ramifiés d'espèces à croissance lente, couverts de feuilles multicolores, viendront-ils se substituer aux affiches publicitaires issues d'une déforestation scandaleuse. Longtemps limités à un séjour sur terre de courte durée en raison des vicissitudes de la vie urbaine, nous pouvons donc aujourd'hui espérer améliorer notablement nos perspectives d'avenir dans les villes. Mais si d'aventure nous risquions de disparaître plus rapidement que prévu, nos diverses modalités de propagation pourraient peut-être, le cas échéant, nous fournir une échappatoire satisfaisante.

5. Nos contraintes de propagation

Notre corps

Comprendre comment nous donnons naissance à une descendance, soit par voie sexuée, soit sans intervention de nos sexes, nécessite de bien connaître au préalable notre intimité profonde, ce que vous autres animaux et humains appelez votre corps.

Nous ne passons pas inaperçus avec nos imposantes statures qui peuvent atteindre une cinquantaine de mètres de hauteur et plus de six mètres de circonférence à certains niveaux. On ne peut pas nous confondre avec les autres espèces lorsque l'on voit notre écorce. Lisse, claire, elle se renouvelle constamment en éliminant par plaques les fragments de l'année précédente. Nous pourrions presque être assimilés aux vedettes des cabarets de strip-tease qui se déshabillent lentement devant le public, sauf que, pour ce qui nous concerne, nous ne dévoilons jamais complètement notre corps. Des esprits plutôt compliqués voient dans cette desquamation périodique un signe de purification. Pourquoi pas de menstruation particulière pendant qu'ils y sont ?

Nos ramifications principales, c'est-à-dire nos branches directement reliées au tronc, sont plus ou moins horizontales, ce qui nous confère un aspect assez massif. Tous les rameaux, quelle que soit leur nature, sont terminés par un bourgeon. Ce dernier est programmé pour mourir à échéance d'un an. Il est alors remplacé par celui qui, sur l'axe porteur, était situé le plus près de lui. Ce remplaçant qui, initialement se trouvait forcément en position périphérique, fonctionne pendant les 12 mois suivants : il met en place une pousse dont il est la « locomotive » jusqu'à sa disparition. L'œil exercé du botaniste constate ainsi qu'ils ne forment pas exactement une suite rectiligne mais une succession de fragments un peu décalés les uns par rapport aux autres. Le commun des mortels est incapable, seul, d'effectuer une telle observation !

Nos feuilles épaisses, découpées en plusieurs lobes ont une forme, des dimensions et une couleur propres aux diverses espèces et variétés. Elles sont placées de manière alternée sur les branches et jamais de façon diamétralement opposée comme celles des érables par exemple. Leur durée de vie est limitée à une année : chaque automne elles tombent et sont remplacées au printemps suivant par de nouvelles qui subiront le même sort.

* *
*

Entre deux vagues annuelles de poussées foliaires notre corps dénudé acquiert un aspect squelettique. Pire, il entre et se maintient dans une torpeur effrayante par certains côtés.

D'abord privés de leurs organes assimilateurs colorés, les rameaux font penser à des griffes, des pinces prêtes à capturer, à emprisonner le promeneur ou le visiteur. N'est-ce pas sous l'aspect d'un arbre sans feuille que, très souvent, la sorcière affrontant Blanche-Neige dans la forêt est représentée ? En outre, en hiver, lorsque la défoliation a atteint son paroxysme, la durée d'éclairement journalier est réduite au maximum, la pluie est fréquente et les vents violents habituels. Comment alors ne pas nous offrir en spectacle attristant dans ces conditions ? Qui peut raisonnablement affirmer qu'il ne ressent aucune crainte en pénétrant seul dans un bois en fin de journée en novembre ou décembre ? Dans un registre tout à fait comparable, qui n'est pas effrayé à la vue de créatures animales, chiens ou chats, totalement dépourvues de poils à la suite de condamnables croisements exécutés par la main de l'Homme ? De la même façon, les volatiles nés avec peu voire pas de plumes après manipulations génétiques, ne sont-ils pas d'angoissantes créatures ? Et puis, au-delà de l'été, en plus de son aspect qui se détériore, l'arbre entre dans une sorte de léthargie. Finalement il se comporte comme l'humain au terme de sa vie. Chez ce dernier en effet à ce stade le système pileux se dégrade puis disparaît et la vitalité diminue grandement. En un mot, les activités de tout genre ralentissent peu à peu avant de cesser définitivement. Au cours de cette saison donc l'arbre semble lui aussi quitter le monde vivant : il ne grandit plus, il respire très modérément selon les savants, ses bourgeons ne fonctionnent plus. Les spécialistes appellent cette phase la « dormance ». Pourquoi ne pas dire simplement le « sommeil » ? Peut-être parce que tout bonnement au cours de cette période atone, il ne ronfle pas ! Certains comparent cet état à l'hibernation animale, d'autres s'y refusent. Comment s'y retrouver ?

Quoi qu'il en soit, malgré l'image que nous donnons, il est parfaitement établi que, chez nous, ce repos hivernal ne constitue en aucun cas une antichambre mortuaire. Dès le retour des beaux jours, nos bourgeons débourrent, c'est-à-dire que la bourre, cette sorte de duvet qui en tapisse l'intérieur, devient visible à l'extérieur. A partir de ce moment le signal de la reprise des activités est donné et l'impression de cessation de vie levée. La mise en place des organes nouveaux s'initie. Elle est toutefois malheureusement très tôt altérée par des interventions qui vont beaucoup modifier notre silhouette pourtant inscrite dans notre patrimoine génétique.

* *
*

Notre développement naturel ne peut que très rarement s'exprimer. En effet, la plupart du temps une taille perturbe l'architecture que notre génome devait mettre en place. Comme nous sommes de solides et rustiques individus, les hommes ont pris l'habitude de nous tailler selon leurs humeurs au gré des saisons. En raison de notre détermination à vivre et à survivre, même débarrassés de grosses branches, nous sommes capables de poursuivre notre existence, contrairement à bien d'autres espèces qui ne supportent pas les élagages importants. Mais si ces opérations n'affectent pas notre longévité, elles altèrent grandement notre allure. Dans « le Rouge et le Noir », Stendhal s'en offusquait en écrivant : « Ce que je reprocherais (...), c'est la manière barbare dont l'autorité fait tailler et tondre jusqu'à vif ces vigoureux platanes. Au lieu de ressembler par leurs têtes basses, rondes et aplaties, à la plus vulgaire des plantes potagères, ils ne demanderaient pas mieux que d'avoir ces formes magnifiques qu'on leur voit en Angleterre. Mais la volonté de M. le Maire est despotique et deux fois par an, tous les arbres appartenant à la commune sont impitoyablement amputés ». En quoi consistent ces manipulations destructrices ? Il y a par exemple la « taille en rideau ». Elle supprime tout ce qui est situé dans un plan vertical. De ce fait, d'un arbre au suivant, pas un « cheveu » ne dépasse. Elle est appliquée surtout sur les alignements et sur certains sites. Mes cousins de la grande allée du Jardin des Plantes doivent s'y soumettre sans rechigner. Dans les villes et le long de quelques allées bordées par ces êtres impuissants face au traumatisme imposé, la taille « tête de chat » est pratiquée. Elle élimine toute la végétation de l'année écoulée. Au terme de celle-ci, les arbres ne présentent plus que leur tronc et les branches principales : une véritable image de squelette ! Pire, la répétition des opérations entraîne des cicatrisations et des proliférations locales aboutissant à la formation de renflements, ou « têtes de chats » justement, aux extrémités des ramifications épargnées. En dehors de la perte regrettable de la forme naturelle, j'ai déjà eu l'occasion de dire mes inquiétudes quant à la possibilité de traumatisme non exprimé mais réellement subi, peut-être même ressenti, par ces êtres démembrés.

Ce corps que je viens de décrire est, par ailleurs, doté d'organes sexuels qui contribuent à la reproduction de leurs propriétaires.

Quand nous utilisons nos sexes

Nous autres platanes sommes qualifiés de monoïques par les savants, ce qui signifie plus simplement que chacun d'entre nous est nanti de deux appareils reproducteurs : un mâle et un femelle, représentés par des fleurs différentes selon les sexes concernés. Apparaissant au printemps, sous la forme de très petites sphères tout juste visibles, ces fleurs dont le promeneur non averti ignore l'existence, sont minuscules. Les fleurs mâles, verdâtres, sont souvent plus nombreuses que les femelles qui elles sont colorées en rouge. En revanche, elles sont de taille inférieure. Quel que soit leur sexe, ces fleurs sont rudimentaires. Dépourvus de sépales et de pétales, ces organes sont difficilement assimilables à ce qui, dans le langage populaire, est désigné sous le nom de « fleurs ». Du fait de leur calibre donc plus que réduit et de leur structure incomplète, seuls les spécialistes ou les initiés remarquent leur présence. D'ailleurs, faites une enquête et demandez aux passants si nous fleurissons. La réponse la plus fréquemment apportée sera négative.

Lorsque la fécondation a eu lieu, les ovaires rouges se transforment en fruits qui prennent alors une teinte verte. Ces derniers forment des boules d'un volume non négligeable cette fois. Suspendues à un pédoncule, ces sphères ne passent pas inaperçues : tout le monde connaît ces fruits du platane sans pour autant être capable de fournir des renseignements quant à l'existence des fleurs qui, nécessairement, en sont à l'origine. Quand les feuilles se sont détachées des branches et qu'elles recouvrent le sol, les fruits demeurent les seuls ornements des rameaux. Aisément observables à ce moment ils se balancent au gré des vents, ce qui confère une forme de dynamisme à l'arbre qui entre pourtant dans son cycle de vie ralentie hivernale.

Ces organes tombent à terre à leur tour un peu plus tard, rendant ainsi l'endroit glissant et par conséquent dangereux pour le promeneur. Après les feuilles, les fruits ! l'Homme maudit fréquemment les platanes qui ne cessent de lui apporter une gêne, voire un risque, pour ses déplacements à pied.

* *
*

Comme chez toutes les espèces de plantes à fleurs, ces fruits renferment des graines contenant un embryon, c'est-à-dire une plante en puissance. La germination de ces semences, c'est-à-dire la sortie de l'embryon qu'elles contiennent, exige l'application préalable d'un traitement par le froid. Dans la nature le froid de l'hiver constitue cet apport indispensable. Une fois les basses températures perçues, la graine doit en rencontrer de plus élevées et surtout bénéficier d'une humidité suffisante pour que l'embryon commence à croître. Le printemps apporte en général ces conditions favorables à la germination mais en fait moins d'une graine sur deux y répond positivement.

La plantule qui apparaît ensuite est fragile et meurt fréquemment en raison soit d'une trop grande humidité, soit d'un excès de soleil brûlant. En revanche, récoltées dès leur formation et traitées au laboratoire par un froid contrôlé, les graines soumises à un environnement maîtrisé germent mieux et les plantules obtenues résistent davantage.

Pour passer du stade plantule à celui de plante adulte, des conditions indispensables doivent être rencontrées. Tout d'abord il nc faut pas que des animaux phytophages viennent se régaler des jeunes sujets issus de la germination. Les tendres tiges et feuilles récemment apparues se présentent comme des mets de qualité pour les prédateurs herbivores. Ensuite, le promeneur distrait ne doit pas les piétiner au risque de les écraser. Puis, si le jeune platane parvient à contourner ces obstacles, les facteurs climatiques interviennent pour, dans le meilleur des cas, satisfaire ses besoins thermiques et hydriques et dans le pire des cas pour entraîner son élimination. Ainsi parfois et souvent même, le résultat de la reproduction sexuée ne débouche-t-il pas sur la survie et le développement ultérieur d'un descendant.

* *
*

Munis des appareils reproducteurs mâle et femelle, nous devrions nous suffire à nous-mêmes pour engendrer notre propre descendance. Mais la nature qui est bien faite, a horreur de l'auto-entretien qui ne mélange pas les individus et qui, à terme, aboutit à une dégénérescence des lignées. Vous autres les humains, vous connaissez bien ce risque : les croisements entre eux des membres d'une famille aboutissent à l'apparition de tares. Par conséquent, même si nous en avons la possibilité, l'autofécondation n'est pas de mise dans notre monde et la fécondation entre des individus différents est de règle. Mais, et c'est là un de mes soucis majeurs, cette fécondation croisée comme l'appellent les biologistes, donne naissance à un être présentant un mélange des caractères de ses parents. Il est un hybride des pieds qui ont fourni respectivement les cellules reproductrices mâle et femelle. Il n'est en aucun cas la photocopie conforme de l'un de ses parents. Là encore on se trouve dans la situation des animaux et des humains plus précisément. Vos enfants ne sont jamais l'image exacte de leur père ou de leur mère, même si du point de vue physique des ressemblances sont plus marquées d'un côté que de l'autre. Dans ces conditions, je ne peux donc pas envisager de mettre au monde une exacte copie de ma personne. Alors, me direz-vous, en quoi est-ce dramatique, voire seulement problématique ? Est-ce une simple expression de narcissisme, de nombrilisme ? Bien sûr que non ! Je tenterai d'apporter des éléments de réponse à cette interrogation dans un instant mais sachez, dès à présent, que cette question m'obsède tout à fait et m'angoisse pleinement.

Ainsi, cahin-caha, des individus n'exprimant jamais complètement le patrimoine génétique d'un seul de leurs parents, voient-ils le jour. A côté de cette voie de multiplication sexuée, un autre moyen de propagation est représenté par la multiplication qualifiée de végétative qui, elle, n'a pas recours à l'intervention des organes sexuels.

Quand nous n'utilisons pas nos sexes

Tout un chacun, entrant un jour dans une forêt peu visitée ou sur un terrain inculte, y a observé des colonies plus ou moins exubérantes de ronces. En y regardant d'un peu plus près, il constate que des pieds naissent du sol à partir d'une branche d'un plant qui, s'étant affaissé au niveau du sol, y a formé des racines. Celles-ci surmontées par l'extrémité de ladite branche constituent une plante nouvelle. Il s'agit donc là d'une multiplication sans intervention du sexe. Il existe plusieurs modalités de ces phénomènes regroupés sous le nom de « multiplication végétative ».

Ce processus se réalise à partir d'un organe ou d'un fragment de ce dernier qui, placé sur un support de culture convenable et dans des conditions d'environnement idoines, devient capable de former des racines. Ledit organe, point de départ de la démarche peut soit demeurer en place sur la plante mère, soit en être préalablement prélevé par l'homme. Dans l'exemple de la ronce aucune intervention n'est nécessaire. Dans le cas des plantes de pépinière, le professionnel isole ces éléments qu'il installe dans un contexte parfaitement maîtrisé.

Les plantes issues de la multiplication végétative sont forcément de très petite taille au début. Comme pour celles obtenues par croisement sexué pour atteindre un stade de croissance permettant leur implantation en bordure de route ou en ville, plusieurs dizaines d'années sont nécessaires. Mais ces végétaux présentent une caractéristique qui les différencie fondamentalement de ceux obtenus par la reproduction sexuée : ils sont le reflet exact de la plante mère. En effet, la multiplication végétative ignore le sexe. Par conséquent, il n'y a pas dans ces méthodes de propagation, d'associations de patrimoines héréditaires. Seul et dans sa totalité, le génome de la plante mère est transmis à la descendance. Cette dernière ou clone apparaît donc comme une véritable photocopie du plant d'origine. Voilà un élément tout désigné pour essayer de combattre mes angoisses. Mais sa mise en œuvre ne me semble pas de toute simplicité.

* *
*

Nous autres platanes sommes, comme la ronce, tout à fait capables de nous multiplier par marcottage, ce qui n'est pas l'apanage de toutes les plantes. Pour ce faire, il suffit de courber une de nos jeunes branches et de la maintenir sur le sol par une attache. Une fois les racines formées, en sectionnant au niveau de son contact avec le sol la ramification préalablement pliée, on isole un nouvel organisme avec ses racines et sa tige qui, elle, n'est autre que l'extrémité de la branche manipulée. Dans la nature, ce processus est extrêmement rare pour ne pas dire inexistant.

Un autre mode de multiplication végétative peut nous être appliqué : le bouturage. Il s'agit cette fois de prélever une bouture, c'est-à-dire une extrémité de rameau et de la placer, à température ambiante, dans un récipient contenant de la terre humide. Au bout de quelques semaines, des racines se développent à la base de cette bouture, constituant, là encore, une nouvelle plante. Bien entendu, cette méthode de propagation est exclusivement artificielle : son point de départ correspondant à un prélèvement de matériel végétal, celui-ci ne peut pas, bien évidemment, être effectué sans intervention de l'Homme.

Une fois prélevé, un fragment de tige portant un bourgeon, un œil selon le jargon des spécialistes, peut être implanté sur le tronc d'un autre individu. Dans ce système l'organe isolé répond au nom de greffon et le receveur à celui de porte-greffe. L'opération ainsi réalisée ou greffage permet au greffon de se développer pour former une plante. Celle-ci, utilisant simplement le système racinaire du porte-greffe pour son alimentation hydrominérale est là encore conforme à la plante mère ayant donné le greffon. Cette démarche se justifie par exemple lorsque la plante mère ayant donné le greffon est notamment installée sur un sol qui ne lui convient pas. Tel est le cas pour le rosier qui ne supporte pas les terrains calcaires. Mais le greffage est toujours un processus difficile à effectuer avec succès. Les conditions à réunir sont nombreuses et délicates à maîtriser. L'incompatibilité entre le greffon et le porte-greffe notamment est souvent à l'origine des échecs. Dans notre cas, il y a bien quelques modes opératoires qui ont été élaborés mais ils sont peu utilisés tant ils sont aléatoires du point de vue de leurs résultats. Ce n'est donc pas par greffage que je peux envisager d'être multiplié à l'identique. Alors que puis-je espérer ?

* *
*

Dans la mesure où la multiplication végétative nécessite la participation de l'Homme, je ne suis pas maître de la situation. Eh oui ! Pour que je donne naissance à un, voire à plusieurs descendants en tous points identiques à ce que je suis, plusieurs conditions doivent être remplies. Tout d'abord il me faut retenir l'attention de celui qui souhaite me pérenniser. Ce n'est pas chose aisée : pourquoi me choisir à cet effet ? Par ailleurs je ne peux pas manifester ce désir puisque je n'ai pas l'usage de la parole. Je n'ai pas trouvé le moyen de faire entendre ce vœu, ce caprice diront certains. Une fois ce premier obstacle franchi, l'intéressé devra être suffisamment compétent pour exploiter les méthodes de multiplication végétative. Les spécialistes de tous les domaines savent pertinemment qu'une technique doit toujours être adaptée aux situations particulières. Mon âge avancé ne doit pas faciliter la réussite de ces méthodes. Je reste donc plus que réservé sur les possibilités qui se présentent à moi pour laisser dans l'Histoire une trace à l'identique de mon passage sur cette terre. Toutefois, je ne suis pas défaitiste et je me dis qu'un jour ou l'autre, pour des raisons que j'ignore totalement, un marginal, un original se dira peut-être que je pourrais bien faire l'objet d'une tentative de clonage. Tenir de tels propos implique assurément de maîtriser les procédés à mettre en œuvre pour y parvenir. Dès lors, la solution de mes tracas réside sans doute uniquement dans la démarche d'un quidam me découvrant, éventuellement par hasard, et désirant me pérenniser, je n'ose dire de m'immortaliser, pour d'obscurs motifs.

En ce début des années 1980, je vivais avec cette perspective, quasi irréaliste, de rencontre avec celui qui daignerait porter sur moi un regard chargé de compassion. C'est alors que j'ai pu vérifier ce qu'écrivaient d'abord Clément Marot dans son poème « Jouissance vous donnerai », puis François Rabelais dans le chapitre XLVIII de son « Quart-Livre ». Tous deux disaient en substance : « Tout vient à point à qui sait attendre ». Eh bien, au bout de près de deux siècles d'une vie troublée d'inquiétude, le salut s'est enfin présenté à moi.

6. Enfin un espoir !

Une bouée de sauvetage inespérée

Quelle incroyable opportunité ! Tandis qu'il parcourt pour la énième fois les allées du Jardin des Plantes, un chercheur, spécialiste du développement des végétaux, arrive sur mon lieu de résidence. Là, un de mes amis jardiniers s'affaire à éliminer les herbes qualifiées de « mauvaises » qui s'efforcent de se développer à mon pied. De manière impromptue, les deux hommes échangent quelques banalités à propos des arbres qui ont élu domicile dans ce parc. Inévitablement, la conversation fait référence à mon humble personne.

L'employé responsable de la qualité de nos conditions de vie, explicite la pancarte fixée sur mon tronc depuis des lustres. Il rappelle mes origines, souligne mon grand âge et insiste sur le fait que depuis mon installation je n'ai jamais eu l'occasion de rencontrer ni les lames coupantes d'un sécateur ni les dents agressives d'une scie. Les traumatismes de la taille me sont donc complètement étrangers. Dans ces conditions, j'ai pu mettre en place sans contrainte, ce que mon programme génétique contenait dès ma naissance. Rien ne s'y est opposé. Mon fût qui apparaît aujourd'hui rectiligne, très long et d'un imposant diamètre, a ainsi pu se mettre en place en dehors de toute entrave. De même, sans action d'élagage, mes branches ont pu atteindre de grandes dimensions et ne pas présenter de cicatrisations inesthétiques, voire de malformations. Ma couronne largement étalée résulte également de cette absence d'acharnement à éliminer nos membres. L'architecture que je présente à ce jour est la traduction parfaite de mes potentialités naturelles. Or justement, ces dernières ne sont accessibles qu'à une double condition. Tout d'abord elles ne se manifestent que lorsque nous avons atteint l'âge adulte, c'est-à-dire pour un arbre, au moins une bonne dizaine d'années, sinon plus. Ensuite, elles ne s'expriment pleinement que dans le cas où aucune intervention extérieure n'a entravé leur évolution. Finalement, accéder aux possibilités intrinsèques de développement d'un arbre constitue une entreprise fort délicate à mener. En d'autres termes, il est difficile d'affirmer que les traits morphologiques observés sur un sujet sont véritablement les fruits de l'expression de son patrimoine génétique. En ce sens, il est imprudent d'envisager leur transmission au niveau des descendants. C'est là toute la difficulté des démarches des sélectionneurs et des multiplicateurs. Les premiers doivent isoler des êtres élites exhibant des caractéristiques intéressantes dans une direction donnée telle que la rectitude du tronc ou la couleur des feuilles avant leur chute par exemple. Les seconds ont pour mission de mener à bien l'obtention de copies conformes de ces individus remarquables. Ainsi, pour ce qui me concerne, il a fallu que le temps s'écoule patiemment jusqu'à aujourd'hui. En ce jour mémorable pour moi, ce chercheur qui a décliné son identité au jardinier mais dont je n'ai compris que le prénom André, porte à mon propos un regard élogieux et prometteur. J'entrevois là une possible réponse à mes soucis de filiation.

Comme il l'indique à l'employé d'entretien, André me considère intéressant à plus d'un titre. En premier lieu, compte-tenu de mon aspect, mes copies feraient bonne figure sur les places des villes ou des villages où elles créeraient des lieux ombragés, paisibles, agréables en un mot. Dans les jardins et les parcs publics elles auraient aussi fière allure. Par ailleurs, elles représenteraient, de toute évidence, dans le domaine de la recherche fondamentale, des modèles parfaitement adaptés à l'étude de la croissance des arbres. Pour satisfaire, à terme, tous ces projets, il faut commencer par un travail délicat : celui de l'obtention de mes copies conformes, en un mot celui de mon « clonage » selon le jargon des producteurs. Bien évidemment, en raison de son aboutissement à des individus hybrides, la reproduction sexuée n'est pas envisageable. Quel volet de la multiplication végétative est alors le mieux adapté à ce type de démarche ? Le marcottage qui nécessite la courbure de branches vers la terre, ne peut s'appliquer qu'à des ramifications basses et souples, lesquelles ne font plus partie de ma silhouette depuis des lustres. Elles ont disparu d'elles-mêmes avec le temps. Le bouturage est par conséquent celui qui, *a priori*, doit le mieux convenir. Aussi, décidé qu'il est à relever sans tarder ce défi, André demande-t-il au jardinier l'autorisation de prélever quelques pousses terminales de mes rameaux pour entreprendre cette tâche délicate mais exaltante. Pour la première fois de ma longue existence, je vais subir une agression corporelle. Mais dans la mesure où elle a pour vocation d'essayer de me donner satisfaction en termes de descendance conforme, je ne m'en émeus nullement. Quel sacrifice n'accepterions-nous pas pour la bonne cause ?

Un espoir contrarié

Une intervention chirurgicale ne s'improvise pas. Elle exige une phase de préparation mûrement réfléchie, nécessite des choix et doit envisager les conditions du futur post-opératoire. Il en est de même pour ce qui concerne ce qui m'attend. Le praticien André doit d'abord établir le protocole de la démarche. Conformément à ce schéma, les manipulations pourront alors être réalisées. Enfin, le devenir du matériel récupéré sera aussitôt entrepris conformément au plan mis au point.

* *
*

Son autorisation de prélèvement de dix extrémités de pousses en poche, André retourne à son laboratoire. Absent de ce lieu, j'ai eu connaissance de ce qui s'y est dit et déroulé parce qu'André l'a raconté maintes fois, à mes pieds, aux différentes personnes qui veillent ici sur nous. Je peux donc rapporter le récit comme si j'avais été présent.

Dans son bureau, André discute avec ses collaborateurs du projet qu'il vient d'échafauder un peu par hasard. Ensemble, et sans doute avec l'aide de spécialistes incontestables de la multiplication végétative des arbres, ils doivent élaborer un protocole sans faille. André sait pertinemment que les récoltes de matériel végétal qui lui ont été accordées présentent un caractère exceptionnel et ne seront pas renouvelées. Il n'a donc pas droit à l'erreur dans la manipulation de ces précieux échantillons.

Le premier problème à résoudre concerne le choix et les modalités de récupération des boutures. Chacun s'accorde à reconnaître que les pousses les plus jeunes devraient être les mieux adaptées pour cette démarche. Mais celles-ci qui sont apparues, forcément, le plus récemment, sont situées au sommet de l'arbre. Pour les atteindre, une échelle n'y suffira pas ! Ou alors il faudra faire appel à celle des pompiers qui se termine par une nacelle. L'idée, initialement exprimée sous forme de boutade, est finalement considérée avec sérieux. Bien entendu sa mise en œuvre implique de nombreuses démarches administratives longues, fastidieuses et inhabituelles pour l'équipe. Mais s'élever à une quarantaine de mètres, s'y déplacer pour couper aisément des extrémités de rameaux, le tout sans prendre de risques inconsidérés, ne peut probablement pas faire l'économie d'une telle aide extérieure. La décision est alors prise d'en passer par là.

Pour établir le mode opératoire du traitement des boutures collectées, une réunion élargie à quelques sommités scientifiques amies est organisée un peu plus tard. Le débat y porte principalement sur l'utilisation éventuelle d'une hormone de bouturage. L'amateur qui souhaite enraciner une pousse présentant pour lui un intérêt quelconque, trouve en jardinerie des poudres ou des liquides contenant ce produit réputé indispensable à la formation de racines. Les professionnels de la pépinière y font également appel pour certaines espèces un peu difficiles à bouturer. Dans le cas présent, son utilisation ne fait pas l'unanimité des intervenants. D'aucuns suggèrent de conserver à ces organes, issus d'un sujet ayant toujours connu des conditions de vie naturelles, leur caractéristique fondamentale de matériel non confronté à des produits chimiques. D'autres, mettant en avant la faiblesse de disponibilité des échantillons, proposent au contraire, pour mettre « toutes les chances de leur côté », d'en utiliser. En fait, il n'y a pas de réponse parfaite à ce dilemme. La bibliographie décrit, selon les espèces, autant de situations nécessitant l'apport de cette hormone que d'autres pour lesquelles son utilisation est inutile voire néfaste. Bien entendu, les adeptes des compromis penseraient à diviser le lot en deux parties : une traitée avec l'hormone, l'autre non ! Avec seulement dix boutures, scinder ainsi en deux une démarche expérimentale, n'a aucune valeur scientifique. Au bout du compte, face à l'absence de réels arguments pour choisir à coup sûr une méthode, la voie du non recours à l'hormone qui rassemble un peu plus de points de vue, apparaît comme préférable.

Cette décision qui commence à prendre forme me soulage. Je ne suis pas favorable à l'apport de substances censées nous apporter un plus dans notre vie. Et j'y suis même tout à fait opposé lorsqu'il s'agit d'hormones. Rappelez-vous, vous autres humains, les poulets ou le bœuf aux hormones. Ils ont tous été rejetés par les populations ! Alors entrevoir la possibilité que mes descendants puissent être des « platanes aux hormones » m'inquiète et m'effraye. Est-ce que leur allure en sera altérée ? Est-ce que leur longévité en sera affectée ? Personne ne le sait. Alors, de grâce Messieurs les chercheurs, ne jouez pas aux apprentis sorciers avec cette filiation que j'attends depuis si longtemps !

Une fois que le groupe de spécialistes a franchi cette première étape, craignant une erreur possible, il s'attelle à définir les conditions de culture de mes extrémités. Là encore plusieurs possibilités se présentent mais sans qu'il soit objectivement possible d'en retenir une plutôt qu'une autre. A la question « quel substrat de culture utiliser ? », une réponse comme « de la terre » ne peut convenir. De quelle terre s'agit-il ? De n'importe laquelle ou bien d'une particulière ? Celle qui se trouve à mes pieds ou celle, pour le moment inconnue, où mon éventuel enfant sera implanté ? Plutôt que d'envisager un sol, n'est-il pas mieux de lui préférer un support neutre comme un sable par exemple ? Cette solution convenant au plus grand nombre est retenue. Il suffira alors de l'arroser régulièrement mais sans excès pour que les boutures se retrouvent, là encore, dans un environnement non maîtrisé et pollué par diverses substances. Bien entendu, les conditions de température et de lumière sont également discutées et fixées. Ainsi, de proche en proche, le protocole est définitivement établi et sa mise en œuvre programmée.

* *
*

Le jour fatidique est arrivé : les amputations de dix de mes parties terminales vont être exécutées. Je l'avoue bien humblement, je redoute un peu cette intervention. Ce n'est pas tant la douleur éventuelle générée par l'acte qui m'effraye mais la frustration ultérieure née d'une atteinte à mon intégrité. Mais je m'efforce de conserver ma dignité et de ne pas manifester mon angoisse. J'ai suffisamment supplié les forces de l'esprit comme les appelait François Mitterrand, pour obtenir d'elles l'éternité *via* mes successeurs clonés. Je ne peux donc pas décemment reculer aujourd'hui ni même freiner le processus pour convenance psychologique personnelle.

Il est un peu plus de vingt heures. Les gardiens referment les grilles et les portes du Jardin des Plantes après s'être assurés qu'aucun visiteur n'y était encore présent. Puis par l'entrée principale un camion de pompiers, équipé d'une grande échelle terminée par une nacelle entre et se dirige vers moi en empruntant lentement les larges allées gravillonnées. André, entouré d'une dizaine de personnes, suit à pied ce véhicule. Brusquement je panique. Ce cortège me fait penser à un convoi mortuaire. Le camion et le groupe qui derrière marche doucement, évoquent pour moi respectivement un corbillard et un cortège funèbre. Ma fin se profile-t-elle à travers cette opération ? Vais-je périr au moment même de redonner la vie ? Il faut absolument que je me ressaisisse ! La dépression post-natale fréquente chez les femmes après un accouchement, semble se manifester chez moi sous une forme anticipée prénatale. Elle doit être évacuée sans délai. M'efforçant donc de ne pas extérioriser mes troubles, j'observe la marche du groupe dans ma direction. Lorsqu'il parvient à ma hauteur, André qui a revêtu ses habits de forestier pour la circonstance, s'adresse à son escorte pour préciser les rôles de chacun.

Les pompiers, tout d'abord, ont pour seule mission de déployer l'échelle de manière à ce que la nacelle se trouve à la hauteur des terminaisons des branches les plus hautes. Des scientifiques de divers organismes de recherche, ayant enfilé une blouse blanche immaculée pour l'événement, sont chargés de se faire hisser dans la nacelle pour examiner les plus jeunes pousses et sélectionner ainsi les dix heureuses élues. Enfin, trois techniciens de l'équipe d'André, protégés par une combinaison d'un vert foncé fermée en plusieurs endroits par de grosses fermetures éclair blanches, ont la responsabilité des ablations conformément aux directives des savants qui les ont précédés dans la nacelle. Deux hauts responsables du Jardin des Plantes se sont joints à ce groupe pour veiller au respect des termes du contrat établi entre l'établissement public et le laboratoire d'André.

La tâche la plus délicate est, bien entendu, celle du choix des boutures à prélever. Les spécialistes qui l'assument décident après une observation minutieuse en altitude et une longue discussion à terre, de retenir des échantillons répartis sur l'ensemble de la surface de ma couronne pour éliminer les éventuelles conséquences de leur localisation. En effet, tel secteur peut recevoir plus de lumière que tel autre ; une partie peut être soumise, plus qu'une autre, à des vents plus importants et par conséquent à des échanges gazeux plus intenses. Tous ces éléments, et bien d'autres encore, sont susceptibles de perturber la physiologie des organes concernés et par suite leur comportement ultérieur. Aussi faut-il tout entreprendre pour essayer de gommer, autant que possible, les éventuelles réactions résultant simplement d'une occupation spatiale différente. Une fois ce principe accepté, les décideurs remontent dans la nacelle pour marquer d'un ruban coloré les pousses à sectionner. Pour cela, ils doivent faire preuve d'une réelle souplesse, certaines d'entre elles se situant à distance de la cabine porteuse. Ils prennent en outre la précaution d'inscrire un numéro différent sur chacun des rubans avant sa fixation. Pour compléter et terminer leur démarche, ils photographient le dispositif qu'ils ont confectionné, de manière à suivre ultérieurement le devenir d'un fragment en fonction de sa position sur l'arbre. Ces chercheurs étaient convaincus, avant bien des consommateurs, de l'indispensable mise en œuvre de la notion de traçabilité.

A la suite de cet exercice quelque peu périlleux qui s'est finalement déroulé sans heurt, les techniciens entrent en action. Hissés à mon sommet grâce à la plate-forme, ils se contorsionnent pour atteindre les pousses repérées et les couper. Chacune d'elles, d'une longueur de quelques centimètres, est alors enfermée, avec son ruban numéroté, dans un sachet commercialement prévu pour la congélation. A leur retour au sol, les Maîtres du sécateur vérifient le bon état de fermeture des dix petits sacs et les réunissent dans une grande enveloppe de papier que récupère aussitôt André.

L'intervention s'est bien déroulée » selon le jargon des chirurgiens. « Il n'y a plus qu'à attendre les résultats des analyses » pour rester dans le domaine médical. Dans le cas présent, il s'agit d'apporter le matériel végétal prélevé jusqu'au laboratoire d'André et de l'y traiter pour obtenir des racines à la partie inférieure des boutures. Une petite tige représentée par la partie récupérée, dotée d'un système racinaire neuf, constituera une plante, miniature certes, mais une plante réelle qui, pour ce qui m'intéresse sera une photocopie réduite mais exacte et sans retouche, de ma personne. Tandis que le groupe discute, échange des remarques, il retarde son départ. Je supporte mal cette phase d'inactivité ; le travail de récolte est terminé ! Qu'attendent ces personnes pour se disperser mais surtout pourquoi André ne les quitte-t-il pas pour se consacrer à ses récoltes qui, sans nul doute, souffrent. Ne vont-elles pas s'asphyxier dans les sachets fermés ? Ne vont elles pas se déshydrater et finir par mourir d'un déficit hydrique ? Je voudrais bien pouvoir manifester mes craintes de manière audible. Hélas, cette faculté ne nous est pas offerte à nous autres les plantes. Croyant toutefois avec force à l'efficacité de la télépathie, je me concentre et fixe André de mon regard virtuel. Au bout de quelques instants, comme frappé par ma transmission de pensée, il lève les yeux vers moi et se dirige vers les diverses personnes qui ont assisté aux ablations. Il les salue et leur indique qu'il doit désormais rentrer rapidement pour éviter toute maltraitance aux rameaux enfermés et donc privés d'échanges avec l'extérieur. Quel soulagement pour moi de voir enfin mes organes quitter le bloc opératoire ! En même temps, quelle tristesse de me sentir privé de quelques-unes de mes extrémités. Mais au diable mes ressentiments : la multiplication impose des sacrifices. Je dois m'y soumettre sans lamentations sur mon propre état qui, je dois le reconnaître, est plus que convenable. Au titre de l'appréciation du ratio bénéfice-risque, pour poursuivre la référence à la médecine, les conséquences négatives sont infimes au regard de l'espoir de propagation que j'entrevois. Qu'André arrive sans encombre et sans retard à son laboratoire pour y entourer mes fragments de rameaux de délicates attentions ! Seule désormais la prise en compte de cette idée m'importe : le reste me semble bien secondaire. Il est grand temps, à mon âge avancé, d'être apte à relativiser les données de la vie, de retenir seulement ce qui présente un intérêt indéniable et de se débarrasser de tout ce qui est futile. Conformément à ce principe, il me faut donc me concentrer uniquement sur le devenir de mes boutures confiées aux soins experts d'André.

* *
*

Arrivées au laboratoire, les extrémités de mes pousses sont soumises, avant toute chose, à un ensemble de tests destinés à les caractériser parfaitement. En respectant scrupuleusement leur individualité et leur code numéroté, elles sont tout d'abord photographiées une à une. Puis leur longueur est mesurée et leur poids déterminé. Après un examen visuel minutieux, les observations dignes d'intérêt sont annexées au dossier de chacune d'elles. A la suite seulement de toutes ces démarches préalables indispensables, les « patients » entrent dans la « pièce de soins ».

Manipulées avec une extrême prudence, les boutures sont installées dans des petits pots remplis de sable humide à raison d'une seule par conteneur. Leur base uniquement y est enfoncée. Les dispositifs ainsi réalisés sont introduits dans une enceinte où les paramètres environnementaux sont parfaitement maîtrisés. Comme l'ont décidé préalablement les spécialistes, la lumière y est apportée 16 heures par jour et la température est maintenue à 20°. La couveuse ou la « nursery » comme on dit maintenant, sera surveillée sans discontinuer pour permettre aux fœtus immatures de devenir des nouveaux-nés d'ici quelque temps.

Pendant plusieurs semaines d'apparente léthargie, ni signe de dépérissement ni de développement ne se manifeste. Puis, ici ou là, des apex apparaissent plus clairs que le reste de la pousse. A y regarder de très près, on peut constater qu'il s'agit du résultat d'une modeste élongation. Progressivement mais avec plus ou moins de rapidité, toutes les boutures expriment cette tendance à la croissance de leur sommet. Un peu plus tard encore, les extrémités de toutes les boutures ont mis en place un petit fragment feuillé. A partir de cet instant, il n'y a plus de doute : l'exérèse n'a pas entraîné la mort des organes prélevés. Mieux ! Elle n'a pas entravé ses possibilités de croissance ultérieure. Mais pour que l'expérience en cours soit totalement couronnée de succès, encore faut-il que des racines se forment. Aussi, avec beaucoup de concentration et de prudence, les échantillons sont-ils sortis du sable qui les accueillait jusqu'alors pour en examiner les bases. Hélas ! Aucun d'eux n'y a édifié de racines ! Se référant à la longueur de la phase précédant l'apparition de la croissance apicale, André ne perd pas tout espoir dans une formation tardive de racines. Mais au bout de plusieurs semaines, tandis que la croissance s'est totalement arrêtée, les racines ne sont toujours pas apparues. Est-ce à dire que mon clonage est irréalisable ? Mais surtout ce résultat négatif signifie-t-il qu'il me faut envisager d'être un jour touché par ce drame connu sous le nom d'extinction des espèces ? Pour y voir un peu plus clair, j'aimerais savoir quelles issues se présentent pour les plantes se trouvant dans des situations comparables.

Quel espoir de pérennité chez les autres espèces ?

Lorsque l'on ne parvient pas à propager une espèce donnée, est-elle pour autant forcément vouée à disparaître ? En outre, en cas de réponse positive, un tel événement peut-il véritablement être considéré comme important ? Les spécialistes des sciences de la vie et de la terre constatent qu'au cours des temps, de longues phases de stabilité sont interrompues par des phénomènes globaux et brutaux qu'ils nomment « crises ». Elles se caractérisent par une suppression massive d'espèces appelée extinction dans leur jargon. En parallèle de nouveaux groupes biologiques apparaissent. Ils dérivent des précédents à la suite d'adaptations, d'évolutions en un mot, ayant pérennisé leur survie. Ces crises résultent de changements géologiques qui perturbent profondément les conditions de vie et entraînent par conséquent des modifications biologiques. Une des plus connues est celle qui assure le passage entre les ères secondaire et tertiaire il y a environ 65 millions d'années. Elle marque en particulier la fin du règne des dinosaures mais touche en plus près de 80% des espèces qui ainsi ne se retrouvent plus dans le paysage ultérieur. En revanche, les plantes à fleurs voient le jour. A ce titre, les crises constituent des repères dans l'histoire de la terre. Dans ces conditions, si au cours d'une période de stabilité, une espèce s'éteint parce que la nature ou l'Homme n'ont pas été en capacité de la propager, elle ne pourra pas, et pour cause, s'adapter aux changements environnementaux. Elle sera donc écartée des archives de notre planète. Pour assurer à ces dernières toute leur richesse, il convient par conséquent de tenter, autant que faire se peut, d'éviter les éliminations des espèces. En d'autres termes, l'Homme se doit de maintenir, ou tout au moins d'essayer de préserver sans exclusive, toute la biodiversité tant animale que végétale qui nous entoure. Comment alors procéder pour y parvenir ?

La manière la plus simple consiste à protéger les individus en interdisant leur prélèvement. De cette idée sont nés les parcs nationaux et les réserves où le visiteur n'a absolument pas le droit de récolter ou de récupérer le moindre organisme vivant. La volonté de sauvegarde, notamment des végétaux, a également généré des structures spécialement dédiées : les conservatoires. Selon leur localisation, leurs objectifs propres, ils ont recours à différentes modalités de conservation. Toutefois celle qui est la plus répandue repose sur la réalisation d'une banque de semences que d'aucuns par abus de langage appellent « banque de graines ». En effet ces organismes ne se focalisent pas uniquement sur les graines mais étendent leurs travaux à d'autres organes, les fruits notamment : contrairement à ce que pense la majorité des personnes, les grains de céréales ne répondent pas à la définition botanique des graines mais à celle de fruits, d'un type particulier il est vrai. Ces banques de semences récoltent du matériel au moment opportun, c'est-à-dire arrivé à maturité. Elles ne récupèrent ensuite que celui qui est en parfait état sanitaire. Elles le sèchent et le conservent au congélateur. Les graines et les fruits secs supportant parfaitement ces conditions, leur conservation semble ainsi sans limite de temps. Après le séjour au froid intense, confrontées à la température ambiante et à une humidité convenable, les semences retrouvent et expriment sans difficulté toutes leurs capacités germinatives. Malheureusement toutes les espèces ne tolèrent pas ces traitements frigorifiques. Les glands de mes amis les chênes par exemple en périssent et ne peuvent donc pas être conservés. Pour ce qui me concerne, je ne me satisferais guère que l'on envisage de m'emprisonner à l'état de graines dans une ambiance polaire pour éviter de me perdre. La notion de graine constitue pour moi un leurre. Certes dans une graine je suis présent mais en partie seulement. Je lui ai fourni soit ma partie mâle soit ma fraction femelle. J'ignore tout du parent associé. Je ne veux pas lui faire de procès d'intention. Cependant sa personnalité ne risque-t-elle pas de se sur-exprimer dans notre union et d'occulter la mienne ? C'est bien là tout le risque de la reproduction sexuée. Les hybrides obtenus présentent de façon aléatoire les qualités et les défauts de leurs parents. Pour être bref, je ne me reconnais pas dans une graine même si j'y suis impliqué. Heureusement il y a une autre méthode de conservation qui me semble plus adaptée à mes souhaits, une technique plus contemporaine faisant appel à la multiplication végétative en conditions d'asepsie : la culture *in vitro*.

Un de ses développements récents retient mon attention : l'embryogenèse somatique. Que voilà un terme savant qui recouvre en fait une démarche somme toute banale et aisément compréhensible ! En prélevant un fragment d'un végétal, en le désinfectant et en l'introduisant *in vitro* sur un milieu adéquat, il est possible d'obtenir des embryons sans passer par la voie sexuée. Les obstacles à cette entreprise résident dans le choix du matériel à isoler, dans le procédé de stérilisation à employer et surtout dans la composition du milieu de culture. Il n'existe pas de moyens standards ou de recettes miracles pour franchir avec succès ces épreuves. A chaque fois, il faut se reposer sur les données bibliographiques et les modifier, les adapter. Autant que je le sache, l'embryogenèse somatique du platane n'a pas encore été décryptée à ce jour, mais sans doute parce que personne ne s'y est encore intéressé. J'ai malgré tout confiance, peut-être à tort, dans cette voie que je considère comme une possibilité quant à mon avenir. Procédé de multiplication végétative, il aboutit forcément à des individus pleinement conformes au pied d'origine : ce que je recherche !

Il faut donc se rendre à l'évidence : mon clonage est loin d'être acquis ! En revanche, ce n'est pas pour autant qu'il doit être considéré comme voué à l'échec. Chercheur pugnace, stimulé par les insuccès, motivé par le défi, André veut poursuivre ces travaux pour les mener à bien. Il dispose des résultats acquis avec d'autres espèces et connaît parfaitement toutes les nouvelles technologies. Nul doute qu'il en fera bon usage. J'ai finalement bon espoir, je me sens soudain envahi par l'optimisme comme aux plus beaux jours de mon existence, à l'époque où aucun problème ne se posait. Aurais-je retrouvé ma juvénilité, ma jeunesse ? Je ne sais plus exactement ce que je dis ou ce que je dois dire. J'utilise des termes que mon esprit embrumé par mes troubles et mes angoisses n'est plus capable de distinguer. Reprenons-nous et avec sérénité revenons sur les avantages et les inconvénients éventuels de cette phase que nous traversons tous à un moment de notre existence : la juvénilité.

7. Vous avez dit « juvénilité » ?

L'âge ? Que voulez-vous dire ?

Après avoir constaté qu'aucune des boutures n'a différencié de racines, André retourne à son bureau pour se replonger dans les articles scientifiques abordant ce problème. Il y retrouve une donnée parfaitement établie : le platane se marcotte sans difficultés. Le bouturage si proche du marcottage ne devrait donc pas, *a priori*, être plus délicat. Toutefois, par sa méthodologie qui consiste à recourber jusqu'au niveau du sol, une branche, le marcottage ne peut concerner que des jeunes pieds, les seuls chez lesquels les ramifications sont basses. A la réflexion, André entrevoit là une explication plausible à son échec actuel. Dans la littérature spécialisée, on peut trouver en effet des rapports faisant état de la perte de certaines facultés des cellules de plantes au cours du temps qui s'écoule. Les données qui y sont présentées sont particulièrement difficiles à interpréter. Aussi André s'y penche-t-il avec une grande concentration et beaucoup de patience. Son attention est principalement retenue par une publication relative à des séquoias géants. Les auteurs comparent les aptitudes à l'enracinement de boutures prélevées sur des arbres de moins d'un an, d'une trentaine d'années et d'un siècle. Ils constatent qu'elles diminuent de manière significative en fonction de l'âge du pied donneur. Ce résultat n'est guère surprenant. Chez les êtres vivants, l'Homme notamment, les capacités physiologiques s'estompent au cours du temps. Une femme par exemple n'est plus capable de procréer au-delà de la cinquantaine. Mais à ces faits banals, en apparence tout au moins, s'en ajoutent d'autres plus complexes. D'une façon générale, les boutures provenant des branches basses s'enracinent nettement mieux que celles récoltées sur les ramifications du sommet. Or ces dernières sont celles qui se sont mises en place le plus récemment. Plus jeunes, elles devraient apparaître plus aptes que celles du bas à former des racines. Le principe de l'influence de l'âge sur les capacités à s'exprimer semble ainsi battu en brèche. Pour s'y retrouver, les biologistes ont été amenés à préciser le vocabulaire surtout à propos de l'âge.

Tout d'abord, l'âge qualifié de chronologique est celui du langage commun. Il correspond au temps qui s'écoule, représenté classiquement par un sablier. Provenant d'une graine mise en terre en l'an 1900, une plante a en 1980, quatre-vingts ans d'âge chronologique. A côté de cette notion, il faut en distinguer une autre que l'on appelle âge physiologique. Celui-ci fait référence à l'aptitude à exprimer son patrimoine génétique laquelle se perd progressivement avec l'avancée de l'âge chronologique. En effet, de même que les cheveux bruns ou blonds se forment de moins en moins chez une personne ayant en moyenne atteint la soixantaine, l'apparition des racines et des bourgeons se raréfie sur les plantes au cours du temps. Mais c'est toujours la compétence à l'édification racinaire qui disparaît en premier. En conséquence, dans l'âge physiologique qui, une fois encore correspond à la période de vie où tout le génome s'exprime, les botanistes distinguent une portion initiale au cours de laquelle les racines, comme tous les autres organes, se mettent en place. Au-delà de cette plage appelée « juvénilité », la faculté de former des racines cesse. Mais pour éviter toute confusion et pour partager un vocabulaire unique et non ambigu, il convient de poursuivre la rigueur sémantique. L'adjectif « jeune » appartient au registre de l'âge chronologique, tandis que « juvénile » fait référence, par définition, à l'âge physiologique. Dans ces conditions, un organe jeune ne doit pas être considéré forcément comme juvénile. Les branches hautes du séquoia géant bien que jeunes, n'étant pas aptes à la formation de racines ont perdu leur juvénilité. En revanche, ses rameaux bas, chronologiquement âgés demeurent juvéniles.

De telles précisions du vocabulaire risqueraient d'apparaître comme le résultat de cogitations intellectuelles surfaites et totalement hors de portée du grand public si elles ne débouchaient pas sur des données concrètes accessibles à tous. Or, et c'est là l'intérêt de ces notions, lorsque la juvénilité est perdue, elle peut, dans certaines conditions bien particulières, être retrouvée. Toutefois, il n'existe pas, à cet effet, de recette applicable à tous les cas de figures : chaque situation est particulière et requiert une méthodologie propre, atteinte le plus souvent par tâtonnement. Quoi qu'il en soit, lorsque l'on parvient à contrecarrer les effets du temps qui s'est écoulé et que l'on revient à un stade juvénile, il est tentant de dire qu'on a « remonté le temps ». Quelle erreur ! Cette formule appartient au vocabulaire de l'âge chronologique. Chacun sait bien à cet égard que l'on ne peut ni s'opposer au cours du temps, ni « revenir en arrière ». La chirurgie esthétique si prisée des humains ne fait que gommer les quelques marques extérieures du déroulement du temps mais elle est sans action réelle sur l'inexorable vieillissement. Si le retour à la jeunesse, *via* une hypothétique fontaine de jouvence, est complètement illusoire, celui vers la juvénilité est, au contraire, tout à fait possible bien que souvent difficile à réaliser. La réversibilité de la perte de juvénilité résulte de l'application de méthodes particulières selon les espèces et parfois même en fonction des êtres concernés. Ces procédés, surtout développés à propos des arbres, sont regroupés sous le nom un peu barbare de « réjuvénilisation » auquel on préfère, mais à tort, celui de « rajeunissement ». Bien qu'établissant une référence à l'impossible retour à la jeunesse, ce dernier terme plus facile à prononcer et moins pédant que celui de

« réjuvénilisation », pourtant mieux adapté, fait cependant partie de mon vocabulaire. Ce faisant, j'ai conscience de mon laxisme sémantique mais il est bien difficile de ne pas s'adapter aux habitudes linguistiques des autres. Une fois cette précaution établie, en quoi consistent ce que j'appelle, comme beaucoup, « méthodes de rajeunissement ?

« Rajeunir » ? Oui mais comment ?

J'ai cru comprendre que les procédés de rajeunissement des végétaux et des arbres en particulier, étaient nettement plus en avance que ceux relatifs aux animaux. Cela ne signifie absolument pas que « réjuvéniliser » un arbre constitue une démarche aisée à la réussite assurée. Loin s'en faut ! Pour éviter de me perdre dans ce dédale des manipulations complexes à entreprendre, il me faut revisiter le catalogue des processus appliqués aux végétaux tout d'abord. Ensuite je pourrai mieux pénétrer le monde animal. Enfin j'essayerai de comprendre les situations en explorant les interprétations avancées par les spécialistes qui daignent aborder ces thèmes sous mes frondaisons pour que je puisse ainsi en saisir la portée.

* *
*

Les méthodes de rajeunissement des arbres font appel soit à la taille, soit à des successions de procédés utilisés habituellement en vue de la multiplication végétative.

Les techniques de taille appliquées à cet effet sont plus ou moins sévères. Elles peuvent prendre l'aspect de simples décapitations. A la suite de ces ablations des sommets, les bourgeons situés à la base des lieux de coupes et laissés en place, donnent éventuellement naissance, en fonction des espèces auxquelles elles s'adressent, à de nouvelles pousses. Celles-ci sont, la plupart du temps, aptes à la formation de racines alors que les fragments éliminés ne l'étaient pas. Chez bon nombre d'arbres, lorsque la décapitation se révèle infructueuse, l'élimination d'une partie importante du tronc aboutit souvent, à partir de bourgeons présents mais totalement inactifs jusqu'ici, à la mise en place de nouveaux rameaux présentant des caractères juvéniles. Parfois, il faut même procéder à la suppression totale du tronc. Dans ce cas, au niveau du sol, là où a été effectuée la coupe, des rejets dits de souche prennent naissance. Ils sont, eux aussi, juvéniles. Mais toutes les espèces ne sont pas capables de former de tels rejets de souche. Avant de couper un tronc dans l'optique d'un hypothétique rajeunissement, il est donc bon, sinon indispensable, de savoir si l'individu en question est bien apte à initier des rejets. C'est bien là une de mes grandes frayeurs ! Si André ne parvient pas à rajeunir mes pousses, pour employer une expression impropre bien qu'utilisée fréquemment, osera-t-il envisager de scier mon tronc à sa base ? Je suis intimement persuadé qu'il n'en aura pas l'idée. Il aime trop les arbres pour procéder ainsi et livrer mon fût, désormais sans intérêt, à une scierie. Par ailleurs, il n'est pas acquis que dépourvu de l'essentiel de mon corps, je possède la compétence à former des rejets. Alors, prendre le risque d'éliminer ce qui, en deux siècles, sans contraintes, a été édifié, constitue une gageure. André ne relèvera pas ce défi déraisonnable, j'en suis absolument convaincu. Mais parmi ses collègues impliqués dans la tentative actuelle, tous ne partagent peut-être pas ce point de vue. Aussi ai-je des craintes. Je ne peux qu'espérer en la force de conviction d'André pour éviter le pire.

En dehors de la taille, des tentatives de bouturage ou de greffage appliquées en cascades conduisent assez souvent au succès en matière de rajeunissement. Couramment d'ailleurs, les travaux entrepris pour retrouver la juvénilité, débutent par une décapitation, suivie en cas d'échec, par des essais successifs de bouturage. Une autre démarche consiste à prélever un greffon sur le sujet à rajeunir et à l'implanter sur un porte-greffe convenable.

Lorsqu'il se développe, même de manière très limitée, un tout petit fragment de la nouvelle pousse obtenue est récupérable pour être de nouveau greffé. En poursuivant plusieurs fois de suite cette succession de manipulations il est possible de parvenir très fréquemment mais pas toujours il est vrai, à un rameau présentant alors des caractéristiques juvéniles.

Une autre voie d'accès au rajeunissement emprunte l'utilisation d'hormones végétales. Certaines d'entre elles réputées s'opposer à la sénescence, appliquées par pulvérisation ou par perfusion sur des arbres, entraînent parfois un retour à la juvénilité.

En fait, si je comprends bien, il n'existe pas de recette satisfaisante pour tous les cas de figures. Selon les sujets, le moment, le contexte, une méthode aboutira au but recherché, tandis que les autres échoueront éventuellement. Je crois avoir entendu dire que dans quelques situations il fallait associer plusieurs de ces procédés pour parvenir au but. Ainsi pour un arbre précis dont j'ai oublié le nom, la décapitation a-t-elle été suivie d'une série de greffages successifs, accompagnés eux-mêmes d'une application d'hormones.

* *
*

Aussi délicat soit-il, le rajeunissement végétal s'obtient en général. La ténacité et la pugnacité en sont presque toujours les gages de réussite tant le chemin pour atteindre le but est long, voire fastidieux, et surtout inconnu au début de la démarche. Aussi lourde qu'elle soit, cette épreuve est bien plus enviable que celle à laquelle sont confrontés les spécialistes du monde animal.

La tentative de clonage de la célèbre brebis Dolly est très révélatrice à ce propos.

Cet animal, le premier mammifère « cloné » selon les articles de la grande presse publiés à l'époque, est né d'une étrange manipulation effectuée en laboratoire. Dans un gamète femelle provenant d'une brebis à tête noire, le noyau, enclave cellulaire renfermant l'ADN c'est-à-dire le support de l'information génétique, a été retiré. Il y a été remplacé par celui contenu dans une glande mammaire d'une autre brebis, à tête blanche celle-ci et âgée de six ans. Les chercheurs, réalisant cette expérience, sont parvenus à obtenir, dans leur verrerie, des divisions de cette association contre nature.

L'amas cellulaire obtenu a alors été implanté dans une mère porteuse où il s'est différencié en un embryon donnant ensuite naissance à une brebis à tête blanche nommée Dolly. Tout paraît facile lorsque l'on présente cette démarche de manière aussi simplifiée. Mais il faut quand même signaler que les manipulations d'élimination et de transfert des noyaux ont concerné près de 300 tentatives aboutissant seulement à une trentaine de situations où des divisions cellulaires ont pu être observées. Pour poursuivre la croissance et obtenir des embryons, plus de dix mères porteuses ont été impliquées. Au bout du compte, un seul embryon s'est développé et a permis à Dolly de voir le jour. Le travail est donc plus que délicat à mener et les résultats ne correspondent pas exactement aux attentes. En effet, à ce sujet, il est bon de rappeler que six ans et demi après sa naissance, Dolly a dû être euthanasiée en raison d'un vieillissement prématuré. Les moutons vivent habituellement une douzaine d'années. Pour tenter de comprendre ce phénomène, les spécialistes se sont penchés sur les chromosomes de la donneuse. Ils ont constaté que, chez ces derniers, les extrémités appelées télomères, étaient plus courtes que celles des animaux plus jeunes. On sait depuis que la longueur de ces télomères diminue au cours des divisions cellulaires successives, donc avec la croissance et à terme avec l'âge. Par conséquent, lorsqu'elle est née avec les chromosomes de sa donneuse aux télomères courts, Dolly avait en fait l'âge de cette dernière, soit six ans. Elle a vécu six années et est morte à une douzaine d'années comme la majorité des autres brebis. A ce titre on pourrait donc penser que Dolly, née avec l'âge de la donneuse et avec le même faciès blanc est une réplique exacte de la donneuse. Il n'en est rien !

En effet, si l'ADN est très majoritairement situé dans le noyau, il se trouve également présent dans d'autres lieux. A cet égard, on ne peut pas oublier que le noyau de la donneuse a été implanté dans une cellule reproductrice débarrassée du sien. Mais dans cette dernière, de l'ADN demeuré présent est différent de celui de la donneuse. Ainsi, Dolly n'apparaît pas comme un véritable clone de la donneuse mais doit être considérée comme un hybride entre celle-ci et la brebis ayant fourni son gamète dépourvu de noyau. Cela veut dire que chez les animaux, à ce jour tout au moins, la multiplication végétative n'est pas encore véritablement réalisable. Quelles en sont les raisons ? Le monde animal se révèle-t-il plus réfractaire à ce processus que celui des végétaux ? Une des explications se situe incontestablement au niveau des effets de l'âge. Les chercheurs ayant « créé » Dolly se sont sans doute heurtés à un problème de perte de juvénilité de la donneuse, ce qui s'est traduit par la naissance d'une brebis âgée. Contrairement à ce qui existe avec les végétaux, on ne dispose pas, chez les animaux, de méthodes de rajeunissement. Tout laisse à penser que tant que ces processus ne seront pas mis au point, les réussites ne seront pas au rendez-vous. Mais une telle démarche est-elle réellement envisageable, raisonnable à entreprendre ?

En un mot, la cellule animale peut-elle être rajeunie ? Dans la négative, la cellule végétale présenterait une supériorité. Dans l'état actuel de nos connaissances, rien ne permet de l'affirmer mais, rien non plus, n'autorise à rejeter cette éventualité.

* *
*

Pour ce qui concerne mon cas personnel, quelle voie André choisira-t-il ? J'ai tendance à lui faire une confiance un peu aveugle mais tous les chercheurs veulent absolument mener leurs travaux à terme et avec succès. Pour y parvenir ils n'hésitent pas quelquefois, face à des échecs répétés, à emprunter des chemins discutables aux yeux de certains. Ainsi pour ce qui est de mes cousins installés le long du Canal du Midi et atteints par le chancre coloré, faute de trouver des remèdes pour lutter contre leur agresseur, il a été décidé d'éliminer purement et simplement les individus touchés. Certes la méthode est incontestable quant à son efficacité mais était-ce réellement la seule solution ? N'y avait-il pas moyen d'isoler, de mettre en quarantaine les pieds malades sans les sacrifier ? Est-ce que sous la pression de la réussite ou en raison de celle de ses collègues, André ne sera pas amené à entreprendre avec moi des manipulations agressives dont je porterai indéfiniment et tristement ensuite les stigmates ? Voilà encore pour moi une source d'anxiété.

Bien que je m'attriste sur mon devenir, je dois m'efforcer de conserver une certaine dignité en constatant que finalement, sur cette terre, je ne suis pas le plus mal loti, d'autant qu'une information réconfortante vient de me parvenir. Désherbant à la main et binant autour de moi, deux de mes amis jardiniers échangent les dernières informations dont ils disposent à mon sujet. Ils le font à très haute voix certainement pour que j'entende aisément leurs paroles. J'apprends ainsi qu'André n'est pas du tout surpris par le premier revers expérimental qu'il vient de connaître. En fait il s'y attendait même, compte-tenu de mon âge vénérable. Aussi a-t-il déjà élaboré un protocole qui, soumis à son équipe et partagé par elle, va être appliqué sans délai. Celui-ci concerne des travaux à réaliser seulement au niveau des boutures jusque-là réfractaires et non pas sur ma personne. Ouf ! Mais très franchement, bien qu'inquiet, j'étais absolument persuadé qu'André n'exercerait pas à mon encontre des opérations violentes et irréversibles. Véritablement amoureux des arbres, il ne souhaite pas altérer leur intégrité.

Rassuré donc, je m'efforce de me projeter dans l'avenir de façon positive. Dans l'immédiat je ne subirai pas les affres d'une nouvelle exérèse même fort limitée comme l'a été d'ailleurs la précédente. La globalité de mon corps ne sera pas mise à mal. En outre, mes extrémités déjà soumises à expérimentation vont poursuivre le protocole établi par André et ses collaborateurs. Compte-tenu des succès obtenus, difficilement certes avec d'autres matériels, tout laisse à penser qu'en ce qui me concerne, un tel succès peut être espéré. Cependant si tel n'était pas le cas, il faudrait soit tout abandonner soit envisager une nouvelle approche. En imaginant ces tristes éventualités, je me retrouve face à mes craintes. Mais j'ai conscience, si j'ose dire, qu'il ne me faut pas songer au pire en scrutant l'horizon embrumé. A chaque jour suffit sa peine ! Attendons donc aussi sereinement que possible les résultats des prochaines tentatives d'André et avisons à ce moment seulement. Facile à dire ! Plus difficile de l'accepter ! Essayons malgré tout d'avoir confiance dans l'avenir.

Depuis qu'elles ont été récoltées puis placées dans des conditions devant favoriser la formation de racines, les boutures se sont toutes allongées mais aucune d'elles n'a daigné mettre en place ces organes souterrains tant attendus. A partir de ce matériel, André entame la seconde phase de sa démarche, à savoir une succession de tentatives de bouturage. En d'autres termes il essaye d'effectuer un bouturage en cascade selon un schéma comparable à celui des greffages successifs. Pour cela, il prélève les fragments qui, bien que de longueur réduite, résultent de la croissance des boutures initiales. Il les traite exactement comme le matériel d'origine : photographies, mesures diverses, repiquage sur du sable humide et stockage dans l'enceinte. Comme dans l'étape précédente, au bout de plusieurs semaines, une croissance apicale limitée se manifeste mais aucune racine n'apparaît. Patient et surtout conscient que la répétition de la manipulation est souvent indispensable, il réitère l'expérience à l'identique. Aboutissant constamment aux mêmes résultats, il renouvelle toujours et encore le processus. Après le septième prélèvement des produits de la croissance terminale et leur mise en survie sur du sable, il constate l'apparition de petits bourrelets blancs à la base des boutures. Une semaine plus tard ces derniers se dévoilent complètement : il s'agit bien de racines comme l'avait soupçonné André. Le résultat étant indéniablement acquis, en sautillant de joie, André parcourt tout son laboratoire, une bouture enracinée en mains. Il la montre à tout le personnel qui partage alors la même satisfaction. Puis il téléphone à ceux qui avaient pris part à la réflexion au début de la démarche, pour les informer de cette réussite qui est un peu la leur également. André n'appartient pas à cette caste de chercheurs qui s'approprient entièrement les gains positifs des expériences et laissent à leur entourage la responsabilité des échecs.

Toujours en donnant l'impression de discuter entre eux, mes jardiniers-espions m'informent de la nouvelle dès qu'ils la reçoivent. Ainsi donc en ce début des années 1980, j'ai donné naissance à plusieurs exemplaires constitués pour chacun d'eux d'un axe feuillé aérien présentant à sa base des racines souterraines. Les parties supérieures ne sont rien d'autre que les prolongements par croissances successives des boutures initialement prélevées. Quant aux racines, elles se sont formées dès que la juvénilité a été retrouvée. Un organisme présentant une tige et des racines est une plante ! Par conséquent, je suis bien désormais un parent disposant d'enfants. Mieux si j'ose dire ! Ces enfants sont des reproductions à l'identique de ce que je suis. Compte tenu des procédés utilisés pour y aboutir, il n'y a aucun risque d'avoir généré des hybrides. C'est exactement ce que je désirais et attendais depuis si longtemps. Puisse cette joie intense qui m'envahit ne pas perturber mon fonctionnement ultérieur. Il me faut donc encore faire des efforts pour rester maître de moi et me dominer pour éviter les risques de l'exaltation incontrôlée.

Si je suis comblé par ces naissances, je demeure un peu insatisfait parce que je ne parviens pas à m'expliquer les mécanismes du rajeunissement. Je ressasse sans cesse les données sans être capable d'en donner la moindre interprétation. En effet, incontestablement mes boutures possèdent le même ADN que celui présent dans toutes les cellules de mon organisme. Dans ce support biochimique de l'hérédité sont inscrites toutes les potentialités de croissance, de développement, de formation d'organes. Or les boutures qui ont perdu leur juvénilité et par là même leur faculté à former des racines, renferment l'ADN contenant l'information indispensable à l'édification racinaire. Il n'y a aucune raison d'imaginer que cet ADN ait pu être modifié au cours du temps. Si tel était le cas il faudrait admettre également que le rajeunissement qui permet le retour à une expression rhizogène, modifie à nouveau et en sens absolument inverse ce changement de structure de l'ADN. Ce type de conception n'est pas recevable. Mais j'ai entendu ces jours derniers, un jeune universitaire entouré de ses étudiants qui abordait vaguement ce problème. Je n'ai pas compris grand-chose, tant ce qu'il avançait me semblait compliqué. Toutefois, j'ai cru l'entendre affirmer que si la structure de l'ADN n'était pas altérée au cours du temps, sauf en cas d'accidents rarissimes et très particuliers, son fonctionnement en revanche pouvait, lui, être troublé. Il a, me semble-t-il, rassemblé ces phénomènes de fonctionnements différents et héréditaires de l'ADN au cours du temps mais aussi éventuellement en fonction d'un changement d'environnement, à l'intérieur d'une discipline en plein essor : l'épigénétique. D'après ce que j'ai cru comprendre de son discours, au cours des divisions cellulaires successives, en fonction de divers facteurs dont notamment les conditions d'environnement, l'ADN pourrait se recouvrir d'une sorte de carapace qui entraverait sa façon de dicter ses ordres. En procédant aux étapes du rajeunissement, on parviendrait alors à éliminer progressivement ce revêtement encombrant, ce qui aboutirait à retrouver la juvénilité. J'ose espérer que cet enseignant qui me semble plein d'avenir reviendra auprès de moi pour poursuivre ses explications et pour me fournir de nouveaux éléments de compréhension des processus qui se déroulent dans mes tissus profonds et auxquels je suis, pour le moment, incapable de donner une explication. J'ai bien aimé sa manière didactique de présenter les phénomènes et leur interprétation aux étudiants. Je me demande s'il utilise un vocabulaire simple face à des phénomènes complexes seulement pour ses étudiants ou s'il a compris que je m'y intéressais également.

Désormais j'ai enfin une descendance, une famille dont tous les membres se ressemblent parfaitement et pourtant je me pose toujours des questions à propos de ma filiation.

8. Pérennité avez-vous dit ?

Des individus ?

Les plantes, notamment celles dont je suis à l'origine et pour lesquelles André a été le maître d'œuvre, mais toutes les plantes en réalité, doivent-elles être considérées ou non comme des individus ? Cette question n'a probablement aucune raison d'être posée pour le commun des mortels humains mais elle est fondamentale, philosophiquement parlant si j'ose dire, pour un végétal. En effet elle en implique une autre tout aussi déterminante pour notre règne : nos descendants sont-ils ou non de nouvelles entités ? En fait, la véritable interrogation que nous nous posons, concerne la notion de descendance que nous offre la multiplication végétative. Ce processus aboutit-il à la formation de nouvelles plantes ou génère-t-il d'autres « nous-mêmes » ? En d'autres termes, un végétal ainsi obtenu est-il réellement un individu ou est-ce tout simplement le même individu que celui qui est à l'origine du procédé ? Si tel est le cas, cela sous-entend implicitement que la plante est immortelle puisqu'un individu pourrait poursuivre indéfiniment son existence au travers de faciès successifs. En ce sens, les végétaux présenteraient indéniablement une supériorité vis-à-vis des animaux dont la durée de vie est limitée.

Dans son ouvrage intitulé « La plante – Leçons à mon fils sur la botanique » édité en 1892, Jean-Henri Fabre abordait déjà cette délicate notion d'individu. Depuis lors, le problème n'a pas vraiment été résolu puisqu'en 1999, Francis Hallé dans son « Eloge de la plante » y consacrera un chapitre. Quels sont à ce propos les éléments à prendre en compte ? En premier lieu que signifie le mot « individu » ? Etymologiquement il veut dire « qui ne peut être divisé ». Le biologiste comprend là : « qui ne peut être divisé sans perdre la vie ». C'est d'ailleurs ce à quoi Jean-

Henri Fabre fait allusion quand il pose la question suivante : « Qui s'avisera de porter la hache sur le chat pour le diviser en deux parties égales, dans l'espoir que les deux moitiés continueront à vivre et formeront deux animaux distincts ayant désormais leur existence propre ? » Ainsi considère-t-il que les chats « qui périssent s'ils sont fractionnés », constituent bien des individus.

Mais alors qu'en est-il au niveau d'une plante ? La multiplication végétative prouve que l'amputation d'un fragment n'est absolument pas délétère ni pour le pied mère ni pour la structure prélevée. Dans ces conditions peut-on considérer la plante comme un individu ? Pour tenter d'apporter une réponse, il convient peut-être de se pencher sur la nature des éléments détachés d'un végétal en vue de sa propagation asexuée. Le plus petit d'entre eux par la taille, utilisé dans le greffage notamment, est le bourgeon. Il est capable de se développer mais si l'on tente de le fractionner il perd cette aptitude. Par conséquent le bourgeon indivisible par essence constituerait un individu. En fait, depuis que la culture *in vitro* est devenue un outil de multiplication des végétaux, il a été montré que dans un bourgeon, les écailles quand elles existent, les feuilles les plus jeunes et le fragment de tige porteur peuvent être éliminés sans risque d'altération ultérieure de la vie de l'organe. Seul un massif cellulaire terminal de ce bourgeon est indispensable à la reprise d'activités. Les spécialistes lui donnent le nom de méristème. Il représente donc la partie non sécable nécessaire au maintien de la vie. A la lumière de ces données, le méristème peut-il être considéré comme un individu ? Dans ce cas la plante prendrait alors l'aspect d'une colonie issue du fonctionnement de ce massif vital essentiel.

Tels sont les résultats de mes réflexions lorsque je me focalise exclusivement sur un être considéré isolément, un arbre en l'occurrence. Qu'en est-il maintenant si je m'intéresse à ce même être au sein d'une filiation d'origine sexuée ou non ? Les végétaux sur lesquels on prélève des boutures en vue de leur multiplication, ne meurent pas à la suite de cette division morphologique : le pied mère et la bouture enracinée vivent ensuite tous deux indépendamment l'un de l'autre. Après ce fractionnement il n'y a pas eu perte de vie. Eu égard à la définition précédemment énoncée, les deux plants, celui d'origine et celui obtenu, ne peuvent pas être assimilés à des individus. Que penser alors d'un être végétal issu de la reproduction sexuée ? Il est, au risque de se répéter, non conforme à ses deux parents. C'est une entité nouvelle. Etant différente de ses parents, il y a un argument pour la considérer comme une individualité particulière, en un mot un individu. Cette notion complexe présente donc une acception absolue, à savoir, l'impossibilité de division sans perte de vie. Mais elle se double d'une connotation relative lorsque le descendant diffère de ses ascendants. Ces conceptions élaborées par les intellects humains, difficiles à comprendre pour nous autres simples plantes, m'amènent à réfléchir mais surtout me déstabilisent. A les croire, les boutures enracinées obtenues par André à partir de mes pousses ne seraient pas des individus nouveaux mais des fractions de moi revivant dans un « habillage » neuf. Par conséquent, en ces plantes résultant de si laborieuses expériences, je ne peux plus voir mes descendants mais un prolongement de ma propre vie hors de mon corps actuel. Bien que profondément perturbante, cette manière de concevoir la filiation apporte un élément de réconfort hautement appréciable : rien ne s'oppose à un accroissement infini de ma durée de vie. En ce sens, j'entrevois pour moi une possibilité d'immortalité, de pérennité, mais est-elle vraiment sérieusement envisageable ?

Immortalité : réalité ou vue de l'esprit ?

N'est-ce pas un peu simpliste d'affirmer que la multiplication végétative qui fait d'un fragment végétal isolé, une plante entière, traduit l'immortalité du pied sur lequel le prélèvement a été effectué ? Incontestablement, une bouture renferme le génome du pied mère et uniquement celui-ci. Le plant régénéré à partir de ce rameau contiendra donc cet unique patrimoine. Mais allons plus loin ! La bouture enracinée est obtenue à partir de cellules du donneur qui, hors de lui, vont se multiplier et se différencier comme elles le faisaient initialement avant l'exérèse. Pour cette raison, la « nouvelle plante » peut tout à fait être considérée comme « celle » d'origine. A ce titre, la bouture enracinée et la plante mère constituent donc un seul et même être. Cette conception implique que des opérations successives de bouturage, effectuées en cascade, prolongent la vie du pied d'origine. En les poursuivant indéfiniment, on devrait ainsi parvenir à maintenir au cours du temps, un organisme qui révélerait donc son immortalité. Mais alors, est-ce le procédé de multiplication qui induit l'immortalité ou bien tous les végétaux présentent-ils cette propriété qui les différencierait alors fondamentalement des animaux qui sont eux mortels ?

Il est usuel de distinguer chez les plantes, les annuelles, les bisannuelles et les vivaces. Les premières meurent au bout d'une année, les secondes, après deux ans et les troisièmes vivraient, sinon indéfiniment, tout au moins très longtemps. Les annuelles, telles que l'épinard par exemple, fleurissent au cours de leur année d'existence, forment des graines qui, ultérieurement, pourront redonner un organisme. Celui-ci issu de la reproduction sexuée est un hybride : il diffère donc de chacun de ses parents et, à ce titre, il ne peut pas apparaître comme l'un quelconque des deux parents. Pour cette raison, les annuelles ne semblent pas être immortelles. Le même raisonnement peut être tenu à propos des bisannuelles qui, à l'image de l'oignon, exigent simplement de subir le froid hivernal pour acquérir l'aptitude à la mise à fleur. Par ailleurs, annuelles et bisannuelles sont souvent assez réfractaires à la multiplication végétative. En revanche les vivaces, comme le chiendent et les arbres, tirent elles leur caractère pérenne de leur aptitude à la propagation asexuée. En conséquence, on s'achemine vers l'idée qu'il existerait deux groupes de plantes : les mortelles rassemblant les annuelles et les bisannuelles et les immortelles représentées par les vivaces. Mais dans la nature rien n'est aussi simple !

Au milieu du XXème siècle, Roger Jean Gautheret, éminent Professeur de biologie cellulaire à la Sorbonne, applique aux plantes une méthode d'avant-garde : la culture *in vitro*. Cette technique consiste à fournir à un fragment végétal un milieu nutritionnel synthétique en conditions d'asepsie, c'est-à-dire en l'absence de tout micro-organisme. Le matériel végétal utilisé à cet effet est fort varié : tissus de diverses espèces ligneuses ou portions d'organes de nombreuses plantes. Parmi ceux-ci, il fait notamment appel à des morceaux de carotte qui se révèlent capables de proliférer pour donner naissance à des amas cellulaires indifférenciés appelés cals. Après avoir fractionné ces cals, il est possible de repiquer, toujours *in vitro*, les petits échantillons résultant de cette division. Le transfert doit toutefois être réalisé sur un milieu neuf en raison de l'épuisement du précédent. A la suite de cette opération, de nouveaux cals se formeront. Ils pourront à leur tour être découpés puis réensemencés et ainsi de suite indéfiniment. Entretenues sans interruption de cette façon, les cultures initiées par Gautheret, continuent de se bien porter à ce jour et rien n'autorise à imaginer que le processus puisse cesser. Quelles conclusions peut-on déduire de ces expériences ? Initialement, Gautheret a introduit *in vitro*, non pas une cellule unique de carotte mais une portion d'un seul tissu. Or, par définition, dans un tissu donné, les cellules constitutives sont toutes identiques et elles réagissent donc de manière identique aux sollicitations extérieures. On peut par conséquent limiter l'analyse du maintien des cultures de carotte à celle d'une seule cellule. Rien ne s'oppose à ce qu'un cal soit considéré comme le résultat de multiplications successives d'une unique cellule. Mais quand une cellule se multiplie, elle donne naissance à deux cellules en tous points identiques à celle d'origine. Là encore, il est logique de prétendre que les deux cellules filles ne sont rien d'autre que la cellule mère qui s'est scindée. De proche en proche, on établit de cette manière qu'un cal correspond à un ensemble composé d'une seule entité : la cellule de départ. Après avoir démontré qu'un végétal multiplié de façon végétative était immortel, on arrive à une conclusion comparable au sujet de la cellule de carotte : elle aussi est immortelle ! Mais si telle est la réalité, pourquoi la carotte, plante bisannuelle, constituée de cellules immortelles comme il vient d'être établi, n'est-elle pas un végétal pérenne ? A cette difficile question, une réponse semble pouvoir être apportée en se référant au fait qu'un organisme n'est pas une juxtaposition de cellules indépendantes les unes des autres.

De la pierre à l'édifice

Lorsque les grands professeurs entourés de leur suite estudiantine viennent m'ausculter, ils exhibent pour la circonstance leurs longues blouses blanches immaculées parce que trop rarement portées. Près de moi, ils se comportent comme les patrons des services hospitaliers visitant leurs patients. Ils observent, diagnostiquent, expliquent, commentent, s'écoutent parler. La seule différence avec le monde de la santé humaine réside dans la manière de communiquer. Face au malade, le médecin utilise un vocabulaire hautement spécialisé auquel le commun des mortels est totalement hermétique. De cette façon l'intéressé demeure dans l'ignorance de son affection et surtout de sa gravité éventuelle, ce qui évite de l'affoler inutilement. Avec nous autres les plantes, intimement persuadés que nous n'entendons rien, les praticiens ne masquent pas leurs paroles. Eh bien moi, j'écoute attentivement les discours qu'ils prononcent à mon sujet et enregistre parfaitement ce qu'ils disent. Alors j'en ai appris des choses ! Je dois cependant reconnaître en toute humilité que parfois j'ai rencontré d'énormes difficultés pour comprendre ce qui était avancé. Ainsi ai-je beaucoup peiné à décoder la notion « d'organisme intégré.

Un jour à mon pied, un professeur de génétique végétale dont j'ai oublié le nom, rappelle à la cohorte d'étudiants qui l'entoure que le platane que je suis, provient, comme tout être biologique, d'une cellule œuf. Celle-ci résulte de la fécondation d'un gamète femelle par son homologue du sexe complémentaire. Elle est ensuite soumise à de très nombreuses divisions successives dont les produits entrent dans différentes voies de différenciation dont elles ne pourront plus sortir. Elles deviennent ainsi des cellules de feuilles, de tiges ou encore de racines. Le Maître s'arrête sur ces premières étapes de développement pour poser une question fondamentale. La cellule œuf renferme un génome hybride de ceux des deux gamètes géniteurs. Après les divisions, toutes les cellules possèdent ce génome. Les processus de différenciation qui les affectent alors n'en suppriment pas une partie mais permettent seulement à certaines d'entre-elles de s'exprimer et à d'autres pas. Les cellules dotées d'un patrimoine héréditaire identique mais dans lesquelles seules certaines portions sont extériorisées, contribuent à mettre en place la morphologie et l'anatomie de la plante.

Participant à la structure et au fonctionnement du végétal, les cellules deviennent incapables à jamais de traduire toutes leurs potentialités génétiques. Le généticien explique ce phénomène par l'existence d'interactions entre les cellules au sein d'un organisme. Mais quand on isole quelques cellules d'un tissu, on supprime par là-même ces interactions. Pour cette raison, les cellules de carotte prélevées par Gautheret sont devenues indépendantes de leurs voisines au sein de la plante. Elles retrouvent dans ces conditions leur aptitude à proliférer qu'elles avaient perdue une fois intégrées dans l'organisme tout entier. A la lumière de ces différentes observations et interprétations, ce professeur de génétique végétale explique que les cellules de carotte sont bien immortelles par essence. Toutefois, noyées dans un environnement cellulaire avec lequel elles échangent continuellement des influences, elles perdent cette propriété et l'organisme auquel elles participent ne l'acquiert pas. En d'autres termes, bien que constituée de cellules individuellement immortelles, la carotte est, elle, bien mortelle. Mais alors, pour ce qui me concerne, il me faut envisager une fin qui arrivera tôt ou tard bien que mes constituants, je veux dire mes cellules, soient éternels. Cependant, nonobstant mon âge déjà bien avancé, j'espère que ce terme qui m'apparaît aujourd'hui inéluctable, demeurera encore longtemps éloigné. Pour étayer cet espoir réaliste, je peux me référer à la longévité, une caractéristique de nous autres les ligneux.

* *
*

Au sein des diverses espèces, quelques arbres ont une durée de vie limitée. Les bouleaux de nos forêts par exemple, occupent en moyenne notre terre comme le font les humains, c'est-à-dire pendant une petite centaine d'années. Mais dans l'ensemble, on admet que les arbres représentent les êtres vivants qui restent en vie le plus longtemps. A ce sujet, certaines données, bien qu'établies avec le plus grand soin, sont à peine croyables.

Dans son ouvrage « Du bon usage des arbres – Un plaidoyer à l'attention des élus et des énarques », à propos des possibilités de durée de vie des oliviers, Francis Hallé use d'une formule amusante mais riche de signification : « Un olivier centenaire évoque un gamin en culottes courtes ». Il cite également un séquoia, des pins californiens et bien d'autres espèces encore, âgées respectivement de 3000, 5000 voire plus de 10 000 ans. Le « record » semble être le fait d'un houx royal en Tasmanie avec 43 000 ans. Francis Hallé indique à ce sujet : « cet arbre est donc contemporain de l'homme de Neandertal et nous pouvons cette fois en conclure que toute l'histoire de notre espèce zoologique tient à l'aise dans la vie d'un arbre ». Une telle situation ne peut pas nous laisser indifférents.

Face à elle, inévitablement, des questions se posent. Ainsi on ne peut pas faire abstraction de cette interrogation : pourquoi les animaux, et l'Homme notamment, ont-ils une durée de vie infiniment plus limitée que celle des arbres ? Cette interrogation en entraîne d'ailleurs immédiatement une autre. Dans la mesure où l'âge chronologique des arbres apparaît démesuré à l'échelle de l'Homme, en existe-t-il véritablement une limite ? Les arbres sont-ils programmés pour mourir après un nombre d'années quasi inimaginable pour le cerveau humain ou bien sont-ils tout simplement potentiellement immortels ?

* *
*

Un élément de réponse se profile dans les notions de vieillissement et de sénescence. Les spécialistes de ces domaines ne les considèrent pas comme synonymes. Les blouses blanches venues maintes fois me rendre visite entourées de leur cour ont longuement expliqué les différences entre ces deux concepts. Si j'ai bien compris, vieillissement ferait référence à l'usure, plus ou moins mécanique, au cours du temps. A force de rouler, les pneus d'une automobile s'éliment : c'est du vieillissement. A côté de cela, un homme prenant de l'âge se couvre de cheveux blancs, phénomène biologique naturel : c'est de la sénescence. Le vieillissement concernerait donc les processus n'ayant rien de biologique, tandis que la sénescence traduirait l'expression d'une partie du programme génétique. A ce titre, la sénescence doit être considérée comme la phase, terminale certes, mais bien réelle du développement. D'une manière générale, chez les êtres vivants, la mort serait donc inscrite, dès la naissance, dans les gènes et serait donc inéluctable. Elle se manifesterait alors, plus ou moins précocement selon les espèces, mais à peu de choses près, à un âge déterminé pour une espèce donnée. Les humains vivent, en gros, à peine un siècle. Qu'en est-il alors à propos des arbres ?

Les éminents professeurs discourant sous mon feuillage au milieu de leurs troupes avides de savoir suggèrent deux hypothèses plausibles. La première pose comme postulat que notre génome serait dépourvu de l'information relative à une phase de sénescence. La seconde admet que ce programme, bien que présent, est bloqué tant que d'autres fonctionnent. Ainsi par exemple, tant que la croissance se déroule, les gènes responsables de l'initiation de la sénescence demeureraient incapables de s'exprimer. Je n'ai aucun point de vue concernant la validité de ces axiomes. Je constate simplement que nous les arbres ne mourrons pas systématiquement au terme d'un laps de temps déterminé comme le font les animaux. J'ai donc renoncé à prendre position dans la querelle sémantique consistant à distinguer le vieillissement de la sénescence. La seule question qui vaille pour moi est la suivante : suis-je ou non mortel et à quelle échéance éventuellement ? En toute humilité, il me faut reconnaître que je ne parviendrai pas à y répondre dans la mesure où tous ces grands pontes qui l'abordent s'avouent, plus ou moins explicitement, incapables de le faire. Toutefois je ne renonce nullement à tenter de mieux la circonscrire.

Mes collectes d'informations sur ce sujet sont largement entravées par la supériorité fréquemment admise mais non démontrée, du monde animal sur celui des plantes. Mes réflexions sont donc perturbées et je m'y perds un peu. Tentons néanmoins d'y voir plus clair. Il est indéniable que le terme de « biologie » évoque dans bon nombre d'esprits, uniquement une référence au monde animal et humain par voie de conséquence. Il est temps de se rendre compte que les plantes, qui représentent des êtres vivants comme les animaux, ne sont pas inférieures à ces derniers, bien au contraire. Elles en diffèrent parce qu'elles ne répondent pas exactement aux mêmes règles de développement, ce qui n'a rien à voir avec une quelconque supériorité d'un groupe sur un autre. Mais comment justifier d'abord que les végétaux sont bien des entités vivantes ? Ensuite comment en est-on arrivé à surestimer le règne animal par rapport à celui des végétaux ? Ce sont là des problèmes qui m'empoisonnent l'existence parce que je ne parviens pas à leur trouver de réponses satisfaisantes : lorsque j'y réfléchis, étant à la fois juge et partie, il m'est impossible de penser en toute objectivité. Cependant je prends plaisir à établir une liste, non exhaustive bien entendu, des différents arguments à prendre en considération pour tenter de se faire une opinion aussi sérieuse que possible sur ces sujets.

9. Le monde vivant. C'est-à-dire ?

Les plantes sont-elles des êtres vivants ?

Demandez à plusieurs personnes de citer des êtres vivants. Dans les listes ainsi recueillies, les noms d'animaux seront largement majoritaires. Quelques micro-organismes apparaîtront également. Les plantes constitueront le parent pauvre quand elles ne seront pas complètement absentes. Une telle conception n'est pas seulement limitée à l'homme de la rue. Des personnes à la parole fiable l'adoptent parfois également. Ainsi, comme le rappelle Francis Hallé dans son « Eloge de la plante », Michel Tournier de l'Académie Goncourt, considère-t-il que les végétaux n'appartiennent pas au monde vivant. En effet, à propos de Robinson qui, échoué sur une île déserte, découvre des « cathédrales de verdure », se protège la tête avec « une fougère roulée en cornet » et tue un « bouc sauvage », il écrit au sujet de ce dernier : « C'était le premier être vivant que Robinson avait rencontré sur l'île ». Cette phrase atteste que son auteur de renom n'assimile pas la « verdure » ou la « fougère » à des êtres vivants. En plus de tout un chacun et des écrivains qui adhèrent à ce point de vue, de manière plus surprenante cette fois, des scientifiques le partagent également. Par exemple, des ouvrages de biologie de valeur indiscutable dont les titres laissent à penser qu'ils traitent de l'ensemble du monde vivant, ne concernent en fait que les animaux et l'Homme par voie de conséquence. De même, dans un numéro d'une revue scientifique sérieuse consacré à « L'histoire de la vie », une seule page est réservée aux végétaux. Face à cette situation, une question se pose inévitablement : pourquoi une telle mise à l'écart des plantes ?

* *
*

En premier lieu, nombreux sont ceux qui affirment avec assurance que la preuve d'absence de vie des végétaux tient dans leur manque de parole et d'une manière plus générale dans leur incapacité à produire des sons. En d'autres termes, ils n'appartiendraient pas au domaine de la biologie en raison de leur inaptitude à communiquer ou à manifester ce qu'ils ressentent. Quelle erreur d'appréciation ! Dois-je préciser à cet égard que les échanges de messages entre les plantes existent bel et bien mais avec d'autres modalités que celles concernant les animaux. Ainsi, est-il bien connu et scientifiquement établi que des acacias de la savane sud-africaine sont capables de s'alerter dès que des gazelles commencent à se nourrir de leurs feuilles, ce qui constitue pour eux une agression et surtout un traumatisme important. Qu'en est-il exactement ? L'observation minutieuse des faits a clairement montré qu'une gazelle commence à manger quelques feuilles d'un acacia puis passe à l'arbre suivant pour poursuivre brièvement sa dégustation avant d'en attaquer un troisième et ainsi de suite. Mais cette progression du déplacement s'effectue toujours à contre-courant du vent. Quelles sont les raisons de ces déplacements réalisés constamment contre le vent ? Pourquoi d'abord ne pas effectuer tout son repas sur un seul arbre ? Les travaux de recherche ont mis en évidence une réaction de défense des acacias. Dès que leurs feuilles commencent à être broutées, elles produisent une substance répulsive pour l'agresseur qui, dès lors, continue son repas sur l'arbre voisin. Mais comment expliquer ce choix du cheminement orienté pour la poursuite de la récolte ? Eh bien non seulement un arbre attaqué se défend en produisant des composés entraînant une aversion de l'agresseur mais en plus il émet un gaz, de l'éthylène, comme le fait toute plante agressée. Cet éthylène est considéré par les physiologistes végétaux un peu comme une « hormone de stress ». Dans le cas présent l'éthylène produit constitue, pour les arbres voisins, un véritable signal de l'attaque. Percevant ce dernier, un acacia synthétise aussitôt les molécules repoussantes. Dans ces conditions, bien que non encore soumis à l'agression, cet arbre devient impropre à la consommation. Or, dans la mesure où l'information circule sous forme gazeuse, elle est transportée par le vent. Par conséquent un arbre émettant de l'éthylène ne peut alerter un de ses voisins situé contre le sens du vent, ce que n'ignore pas la gazelle qui poursuit sa quête de nourriture en direction opposée à celle du vent. Une forme de communication existe donc bien entre les arbres et les végétaux d'une façon générale. Elle contrecarre évidemment l'argument essentiel avancé pour soutenir l'absence de vie de ces êtres. Qu'à cela ne tienne ! Les tenants obstinés de cette théorie en utilisent un autre : le manque de mobilité.

* *
*

Tout le monde s'accorde pour constater qu'une plante est une entité fixée. Mais est-elle pour autant immobile ? Tous les amateurs de jardins exotiques qui possèdent un bananier peuvent apporter un élément de réponse à cette question. En effet, si par bonheur il a fleuri ou mieux encore, donné des fruits, ces heureux propriétaires constatent que la tige périclite ensuite et meurt finalement. Puis, à partir d'un rejet latéral formé par la partie souterraine, une nouvelle tige apparaît mais en un lieu un peu différent de celui où s'était préalablement édifiée celle qui a disparu. On peut donc considérer que ce bananier, puisqu'il s'agit du même pied, s'est déplacé. Certes il n'a pas parcouru une grande distance mais sa pousse principale n'étant plus au même endroit, il a indéniablement changé de lieu d'implantation. De façon un peu comparable, autour de cerisiers ou de peupliers, on peut observer de jeunes plants sortant de terre. Pour en expliquer l'origine, l'idée la plus immédiate qui vient à l'esprit fait référence à des fruits tombés sur le sol. Dans ces derniers, des graines enfermées sont parvenues à germer pour donner naissance à ces nouveaux pieds. Que nenni ! Ces frêles tiges sont formées directement sur les racines des arbres. Je crois avoir entendu les spécialistes qui s'affairent autour de nous, les appeler des « drageons ». Peu importe ! Ce sont là des éléments des arbres producteurs qui effectuent ainsi une avancée territoriale. Il en va de même pour les fraisiers plantés dans un carré à quelque distance d'ici ou pour ceux qui sont installés dans les jardins des particuliers. Ils émettent des tiges rampantes ou stolons qui, de loin en loin, différencient des racines. Dans ces conditions, le pied mère gagne du terrain et ne reste donc pas figé en son lieu d'origine. En colonisant de ce fait l'espace, ces plantes, arbres ou herbacées, ne peuvent plus être considérées comme totalement immobiles.

En dehors de ces mouvements, incontestablement réduits en amplitude pour ceux qui ont été cités en exemples mais qui sont bien plus importants dans d'autres cas, les végétaux font l'objet d'un autre type de faculté au déplacement : la mobilité génétique. Les fleurs mâles tout d'abord élaborent les grains de pollen qui produisent les cellules reproductrices désignées comme chez les animaux par le terme de spermatozoïdes. La pollinisation, c'est-à-dire le transport du pollen jusqu'aux organes femelles, constitue un véritable instrument de transfert génétique. Le pollen mobile, véhiculé soit par le vent soit par les insectes, soit par d'autres vecteurs, peut donc transmettre son patrimoine génétique à de très longues distances. Les fleurs femelles quant à elles ne demeurent pas inactives dans ces mouvements. Une fois fécondées, elles peuvent libérer les fruits et les graines contenues à l'intérieur et leur permettre ainsi de réaliser d'importants périples. Parfois, pour faciliter ces voyages, les plantes ont doté leurs fruits d'appendices efficients. Tel est le cas des samares ailées de mes amis voisins les frênes ou les érables. Je pourrais également rappeler à cet égard les noix de coco qui, capables de flotter, peuvent être entraînées à des kilomètres. Je ne peux pas omettre de parler des fruits colorés attirant les oiseaux et qui une fois consommés sont évacués *via* les excréments à distance de leur formation. Les graines qu'ils contiennent, non impliquées dans la digestion, rejetées à l'extérieur sont tout à fait aptes à germer. Quelquefois même, l'acquisition de l'aptitude à la germination exige ce passage par le tube digestif des oiseaux. Ce processus permet d'altérer les enveloppes très dures de ces graines qui, en emprisonnant avec force la sortie de l'embryon qu'elles renferment, s'opposent à la germination.

Enfin, il existe chez les plantes des mouvements bien réels et incontestables. Qui ne connaît pas les ouvertures et les fermetures de certaines fleurs en fonction de l'éclairage ? Qui ignore que les Belles de jour ne s'épanouissent que pendant la journée et se referment la nuit ? Qui ne sait pas que pour capturer des insectes, les plantes carnivores sont munies de feuilles modifiées constituant de véritables pièges animés ? Qui n'a jamais eu l'occasion d'entendre parler de la sensitive, cette petite plante qui, au moindre choc, rabat ses feuilles les unes contre les autres ? Je ne savais pas, jusqu'à ce que je l'entende de la part des blouses blanches qui nous approchent régulièrement, que nous autres végétaux étions dotés, sur nos feuilles et surtout à leur face inférieure, de microscopiques orifices répondant au nom de « stomates ». Ces structures anatomiques interviennent dans les échanges gazeux et en particulier permettent notre transpiration par libération d'eau sous forme de vapeur. Eh bien j'ai appris également de ces spécialistes que ces stomates s'ouvrent le jour et se ferment la nuit. Mais les mouvements les plus spectaculaires concernent sans aucun doute la croissance des tiges volubiles. Dès qu'il rencontre un support vertical, le liseron s'y enroule. Des chercheurs ont filmé ce phénomène et en accélérant les images obtenues ils ont montré le mouvement de l'apex de la tige dont la vitesse est loin d'être négligeable.

* *
*

Silencieuses, apparemment statiques, les plantes sont-elles dénuées des caractéristiques des êtres vivants ? Les défenseurs de cette conception soutiennent que les propriétés du monde animal qui leur sont attribuées par pur anthropomorphisme ne sont en réalité que des vues de l'esprit qui appartiennent uniquement au domaine littéraire. Quand Jean de La Fontaine écrit : « Le chêne un jour dit au roseau … », rapporte-t-il un dialogue qui a eu lieu ? Lorsque l'arbre de Michel Luneau nous exprime ses pensées à propos des oiseaux ou de la rivière ou encore de la pluie, le fait-il véritablement ? Comme il l'affirme, « râle »-t-il, « ronchonne »-t-il, « maronne »-t-il ? Bien sûr que non ! Tout cela est purement fictif ! Les scientifiques n'ont guère à se démener pour en apporter la preuve. En revanche, démontrer que les plantes ne ressentent pas des émotions, des souffrances est beaucoup plus difficile pour ne pas dire impossible. Dans le doute, admettons donc tout simplement que nous sommes dotés de ces facultés qui, de toute évidence, ne s'expriment pas à l'identique chez nous et chez les animaux et par conséquent chez les humains.

Un autre argument destiné à nous exclure du monde vivant consiste à soutenir que nous ignorons le désir charnel et le plaisir des sens. Là encore un *a priori* ! Pourquoi, tandis que notre organe reproducteur femelle, notre pistil, arrive à maturité, une très forte envie d'accueillir le pollen ne se manifesterait-elle pas ? A cet effet, il peut très bien émettre des signaux imperceptibles à l'Homme et inconnus à ce jour. Souvenons-nous à cet égard de la communication *via* l'éthylène des acacias attaqués par des gazelles. Par ailleurs, pour quelles raisons le dépôt d'un grain de pollen sur un de nos stigmates suivi de sa pénétration dans notre style avant son entrée dans notre ovaire n'induirait-il pas une forme de jouissance ? Notre plaisir ne s'explique peut-être pas par des processus de nature physique ou chimique comme chez les animaux mais ce n'est pas pour autant qu'il faille nier son existence. Pour prolonger ces réflexions quant à la sexualité, remarquons une énorme différence dans ce que j'ose appeler l'exhibition des organes reproducteurs. Chez nous, ils sont non seulement visibles mais ils participent aux manifestations sociales des humains. Le vainqueur d'une épreuve sportive reçoit inévitablement un bouquet de fleurs, c'est-à-dire une présentation de nos organes sexuels. Un mariage, un enterrement sont toujours accompagnés de fleurs. Les invités se rendent chez leurs hôtes en leur offrant des fleurs le plus souvent. En outre bon nombre d'expressions du langage humain font une référence élogieuse à l'objet de notre sexualité. Les hommes ne disent-ils pas familièrement « arriver comme une fleur » pour exprimer la facilité, l'ingénuité ? « Faire une fleur » n'est-ce pas effectuer un geste particulièrement aimable ? « Envoyer des fleurs », cette formule ne signifie-t-elle pas adresser des éloges ? Donc notre sexe est non seulement présent à la vue de tous mais qui plus est, utilisé en tant que vecteur de plaisir dans divers événements et locutions. Cette situation tranche complètement avec ce que l'on observe dans le monde animal et encore plus humain, où les appareils génitaux sont souvent peu visibles voire totalement cachés. En dehors des bouchers qui exposent des testicules d'animaux désignés d'ailleurs pudiquement sous le nom de « rognons blancs » ?

Mais si l'anthropomorphisme est critiqué à juste titre peut-être, que penser du processus inverse qui consiste à assimiler l'Homme à un végétal ? Bien que peu fréquent il est vrai, ce comportement n'a cependant rien de rarissime. Dans la Bible déjà et plus précisément dans le Deutéronome, un des livres de l'Ancien Testament, l'Homme est comparé à un « arbre des champs ». Puis dès le premier psaume, il est assimilé à « un arbre planté près d'un cours d'eau ». Plus tard, « La jeune Parque » de Paul Valéry se considère, elle aussi, comme une plante en danger en déclarant :

« Tout l'univers chancelle et tremble sur ma tige,
La pensive couronne échappe à mes esprits,
La mort veut respirer cette rose sans prix
Dont la douceur importe à sa fin ténébreuse ».

De plus, dans son « Dialogue de l'Arbre » Paul Valéry toujours, fait dire à Tityre : « Mon âme aujourd'hui se fait arbre ». Le pâtre est du reste prêt à subir des changements pour y parvenir, ce qui entraîne la répartie de Lucrèce : « Tu n'es donc que métamorphoses, Tityre ... ». Mais Lucrèce partage finalement une sensation comparable en reconnaissant : « Je voudrais te parler du sentiment que j'ai parfois, d'être moi-même Plante, une Plante qui pense ». Pratiquement à la même époque, Georges Bataille, considéré par beaucoup comme l'écrivain de l'érotisme et de la transgression, fait lui aussi référence à ce rapprochement entre l'Homme et les végétaux. Ainsi que le rappelle Elisabeth Arnould-Bloomfield dans son livre intitulé « Georges Bataille, la terreur et les lettres », celui-ci a écrit : « Il suffit que l'homme s'identifiant à la plante, s'abandonne à la fierté de son érection naturelle pour que le fantasme ignoble des racines le rappelle à la séduction horrible du monde végétal ». Dans le même ordre d'idée, Gauthier Fourcade auteur-comédien jouant à la perfection avec les mots à l'image de Raymond Devos, reprend l'idée de « l'Homme-plante » dans son spectacle « Si j'étais un arbre … ». Il y présente un homme égaré qui se cherche : « Je me suis bien éclaté mais maintenant je cours après les morceaux » annonce-t-il dès le début de son spectacle. Pour tenter de retrouver ses ancêtres, il se met dans la peau d'un arbre, généalogique s'entend, et s'exclame : « Si j'étais un arbre, vous seriez mes feuilles, mes branches, on ne se quitterait plus ». Enfin, mais je pourrais multiplier les exemples, je peux citer le poète Emeric de Monteynard qui, dans son recueil « Aux arbres penchés » fait également allusion à l'Homme qui aurait intérêt à devenir arbre pour mieux traverser le temps : « Peut-être aurais-je dû t'imiter », déclare-t-il avec un brin de nostalgie.

Apparemment immobiles, les plantes sont également muettes. Pour autant sommes–nous en mesure d'affirmer qu'elles ne sont pas vivantes pour respecter des notions assez répandues ? Bien sûr elles ne se déplacent pas à la manière des animaux. Evidemment elles ne parlent pas, ne crient pas, ne pleurent pas mais elles utilisent d'autres moyens pour communiquer. Elles qui sont capables de se reproduire, de se multiplier de façon végétative contrairement aux animaux, ne répondent pas aux critères vitaux animaux. Les bactéries qui, elles non plus ne s'expriment pas bruyamment, sont pourtant bien considérées par beaucoup comme vivantes. Il est temps d'en finir avec ce faux débat et de rendre aux végétaux la dignité à laquelle ils ont droit, à savoir la reconnaissance du statut d'êtres vivants.

Quelle place pour les plantes dans le monde vivant ?

Georges Brassens a chanté « Auprès de mon arbre, je vivais heureux ». Paradoxalement le vagabond Estragon affirme lui dans « En attendant Godot » de Samuel Beckett : « Un arbre ça ne sert à rien, ça ne peut servir qu'à se pendre ». Contradiction ? Comment un être qui suscite le bonheur peut-il dans le même temps laisser penser à la mort ? Comment concilier ces deux acceptions aussi antinomiques ?

Les arbres en premier lieu, mais certaines herbacées également, constituent des sources énergétiques utilisées abondamment par l'Homme. Avec les crises pétrolières d'abord et la volonté de limiter la pollution *via* le recours au charbon ensuite, le bois redevient un combustible recherché. Mes cousins résineux, épicéas et sapins, ou bien feuillus durs tels que chênes et hêtres, ont pour vocation de fournir des bûches de chauffage. Leurs sciures récupérées lors des tronçonnages, comprimées et transformées en granulés parfaitement secs, possédant ainsi un pouvoir calorifique élevé, sont également dirigées vers les poêles. Dans cette démarche au service de la collectivité, rien n'est donc ni perdu ni gaspillé. Cependant pour la satisfaire ma famille est décimée. Ronsard l'a déjà constaté et regretté bien avant moi. Dans son célèbre poème intitulé « Contre les bûcherons de la forêt de Gastine » il accuse ces hommes de détruire la nature, ce qui à terme selon lui entraînera la mort des humains. Pour compenser ce qui, à mes yeux apparaît comme de véritables assassinats, des forêts sont replantées, ce qui fournit l'alibi « d'énergie renouvelable » aux défenseurs de la « transition énergétique ». Aussi séduisante et probablement incontournable soit-elle, cette transition me prive malgré tout de membres de ma famille. Comment réagirait un homme si on lui proposait, pour le bien commun, de supprimer un frère et de le remplacer par un neveu ? C'est exactement ce à quoi, nous autres les arbres, sommes confrontés. Pour limiter ce que j'ose qualifier de meurtres, mais surtout parce que la régénération d'une forêt est un processus de longue haleine, on a tenté de remplacer les arbres par des plantes non ligneuses susceptibles de fournir en peu de temps une biomasse importante. Le miscanthus, grande herbe pérenne originaire d'Asie est apparu comme un bon candidat pour cette production de biomasse en raison de son développement important rapide sans véritable aide d'engrais. Quelques collectivités y font actuellement appel pour chauffer des bâtiments publics. Cependant l'extension de cette innovation nécessite encore de nombreux travaux de recherche. Par conséquent, le jour où la vie des arbres sera sauvegardée par l'entremise d'autres végétaux n'est pas vraiment atteint. En outre, puis-je me réjouir de savoir que mes semblables sont épargnés grâce seulement à la disparition d'autres plantes ? Bien évidemment, éliminer des créatures considérées comme dénuées de vie, ne constitue pas une infraction et encore moins un délit, d'autant plus lorsque cet acte est effectué au profit du genre humain. Mais si l'on admet que les plantes sont des êtres vivants à part entière, cette conception mérite sans doute d'être nuancée.

A côté de l'aspect « fournisseurs d'énergie », les végétaux et donc les arbres, participent grandement à l'alimentation animale. En effet, dans les différents écosystèmes, les végétaux servent de nourriture à de nombreux animaux. Est-il nécessaire de rappeler que les prairies, étendues couvertes d'herbe, sont par essence destinées à la pâture du bétail ? Ou bien que les légumes n'ont d'autres vocations que de satisfaire les besoins nutritifs de l'Homme ? Dans le même ordre d'idées, n'oublions pas de souligner qu'en se délectant des feuilles de nos arbres, les girafes les privent d'organes assimilateurs vitaux. Je pourrais multiplier les exemples prouvant de manière incontestable que les plantes sont indispensables aux animaux et aux humains. En revanche, il convient de préciser sans acrimonie que l'inverse est totalement infondé : les plantes et les arbres par conséquent, n'ont nullement besoin des animaux pour leur développement. Serait-ce là une marque de supériorité du règne végétal sur son homologue ? Ne soyons pas prétentieux et contentons-nous de constater les faits sans en déduire de conclusions hâtives !

Un tout autre domaine illustre notre utilité dans le monde vivant : celui de la fourniture de composés à visée thérapeutique. Ainsi, n'oublions jamais de remercier le saule qui nous a fourni l'aspirine. De même notre reconnaissance doit être éternelle envers la pervenche de Madagascar qui contient de la vinblastine et de la vincristine. Ces composés aux noms barbares que l'on ne sait pas produire par ailleurs, servent à la lutte contre les atteintes cancéreuses du tissu sanguin, en particulier les leucémies. Ils sont les seuls à agir efficacement contre ces pathologies. Grâce à eux de nombreuses vies humaines ont été préservées. Bien sûr l'isolement de ces molécules naturelles exige la destruction des plantes. A ce niveau se repose la question incessante du sacrifice de la vie d'une plante au profit de celle d'un Homme. Tout le monde y répond bien entendu sans réserve par l'affirmative. Mais n'est-ce pas là admettre l'absence de vie des végétaux ou tout au moins accepter l'idée d'une moindre importance de leur vie ? Hiérarchiser la valeur des vies, est-ce un problème métaphysique ou une question totalement dépourvue de sens ? Voilà des soucis supplémentaires que mon esprit fragilisé n'avait pas besoin d'affronter ! En dehors de la mort des plantes consécutive à l'extraction de substances à effet médicinal, il est des situations pour lesquelles leur pérennité n'est pas mise en jeu. L'histoire du taxol de l'if en fournit la preuve. L'if est un conifère d'ornement dont la toxicité des feuilles et de l'écorce est connue depuis toujours. Ayant observé que la nocivité de l'écorce se manifeste également au niveau de tumeurs expérimentales, des botanistes et chimistes américains en isolent un principe actif qu'ils appellent taxol, sans être toutefois capables de le produire par voie de synthèse chimique. Celui-ci se révèle rapidement doué de propriétés anticancéreuses. L'exploitation de cette donnée s'avère difficile dans la mesure où la récupération dudit taxol à partir de l'écorce de l'if s'effectue avec un très faible rendement. Ainsi 12 000 arbres sont abattus pour une récolte de seulement deux kilos de taxol. L'if étant une espèce à croissance lente, des mouvements écologistes américains s'émeuvent des menaces de sa disparition et demandent son classement comme espèce protégée. Parallèlement, l'efficience de la drogue dans le traitement des cancers du sein et des ovaires suscite une demande croissante et déterminée des groupes féministes qui, dans la protection de l'if, voient un risque. Ils redoutent en effet, sinon l'abandon, tout au moins une diminution de la disponibilité en taxol, synonyme à leurs yeux, d'issue fatale dans leurs combats. Le dilemme « sauver une vie, tuer un arbre » comme l'affiche le New York Times à sa une, prend une ampleur internationale jusqu'au jour où de nouveaux résultats offrent une honorable et satisfaisante porte de sortie. Des chercheurs français cette fois, extraient des aiguilles d'if un précurseur naturel de la synthèse du taxol. Ils le modifient ensuite par voie chimique et obtiennent une molécule appelée taxotère. Cette dernière se montre deux fois plus active que le taxol dans la lutte contre les cancers. Désormais la vie des ifs n'est plus en jeu puisqu'il suffit des quelques aiguilles pour obtenir une molécule qui, modifiée « en éprouvette » donnera naissance au taxotère, médicament qui sauve des vies humaines et protège celle des ifs. Prononçant ces paroles, j'en arrive à m'interroger sur les relations de dépendance et de hiérarchie éventuelle entre animaux et végétaux. J'ai déjà eu l'occasion d'y faire allusion il y a un instant. Essayons de creuser un peu cette question.

Animaux *versus* végétaux : qui domine ?

Un premier élément à prendre en considération concerne le vocabulaire. Avez-vous relevé que, dans la langue française, les arbres possèdent tous, sauf erreur de ma part, des noms masculins, tandis que les herbacées sont plutôt désignées par des noms féminins ? Chez les animaux de telles remarques ne peuvent être avancées. En quoi cela mérite-t-il d'être mentionné ? Dans notre société encore un peu machiste, ne serait-ce pas là une marque, probablement inconsciente, de domination des arbres dans le règne végétal ? Si telle est véritablement la situation, on peut légitimement envisager qu'elle résulte du port majestueux et imposant des arbres à la longévité quasi infinie, face à la petite taille, voire la fragilité des autres plantes dont la durée de vie est par ailleurs limitée. Dans ces conditions, on ne peut pas vraiment parler de suprématie des uns sur les autres. En revanche, entre animaux et végétaux, il semble qu'il n'en soit pas de même.

* *
*

Pour vivre, un être doit impérativement pouvoir se procurer de l'énergie qu'il peut certes transformer mais qu'il est incapable de produire lui-même. Or les moyens d'appropriation de celle-ci sont totalement différents selon les règnes. Les végétaux utilisent à cette fin l'énergie envoyée par le soleil en l'associant au gaz carbonique atmosphérique, à l'eau et aux sels minéraux du sol. Ils n'ont pas d'autres exigences fondamentales. En d'autres termes, ces êtres peuvent parfaitement subsister dans un environnement totalement dépourvu de toute autre forme de vie, en particulier en l'absence complète d'animaux. Il n'en est pas de même pour ces derniers qui sont absolument inaptes à capter la lumière à des fins énergétiques. Pour satisfaire leurs besoins, ils se nourrissent soit de plantes, soit d'animaux dont la digestion constitue une source d'énergie. Par conséquent, contrairement aux végétaux, les animaux et l'Homme donc, ne peuvent se maintenir dans un monde vierge de toute vie. Isolez-moi dans un lieu complètement désert, sans rien autour de moi : je survivrai. Faites-en autant avec un lion ou un chien : ils mourront rapidement. Bien sûr, un contradicteur peut toujours objecter que le lion ou le chien peuvent en se déplaçant parvenir à trouver à s'alimenter. Sauf que si le territoire désertique où ils sont placés est vaste, ils s'épuiseront avant d'en franchir les limites. Ce problème ne se pose pas à moi !

De plus, chez les végétaux, la photosynthèse qui peut se résumer dans la capture de l'énergie lumineuse et la fixation du gaz carbonique en présence d'eau, aboutit à une libération d'oxygène et à la formation de molécules sucrées représentant une réserve d'énergie. Par ce processus biologique qui leur est spécifique, ils débarrassent donc l'atmosphère du gaz carbonique qui est en fait un polluant et l'enrichissent en oxygène, ce qui constitue une forme de « purification ». Or, la respiration des animaux et de l'Homme bien entendu, se caractérise au contraire par une absorption d'oxygène et un rejet de gaz carbonique. Pour satisfaire cette fonction vitale, on le voit, les animaux requièrent la présence des « purificateurs » verts. Cette contrainte m'est, à nouveau, étrangère : les aides extérieures ne me sont aucunement indispensables !

Ces considérations toute simples relatives à la nécessité vitale d'énergie montrent clairement que si les végétaux n'ont absolument pas besoin des animaux pour leur survie, ces derniers et l'Homme par conséquent, dépendent eux, fondamentalement des plantes pour exister. Ne s'agit-il pas ici d'un argument en faveur d'une domination des plantes dans le monde vivant ? Il convient peut-être d'en rechercher d'autres avant de conclure définitivement. En nous penchant sur les caractéristiques des génomes, c'est-à-dire des équipements en gènes de ces deux genres, il n'est pas impossible de découvrir quelques données intéressantes à cet égard.

* *
*

Un animal, de grande ou de petite taille, possède un génome identique dans toutes ses cellules et cela toute sa vie durant. Il semble, selon les dires de tous ces savants qui veillent à ma santé, qu'il n'en soit pas tout à fait de même chez les plantes ou tout au moins chez les arbres.

Une question s'est tout d'abord posée pour les espèces au feuillage panaché. Comment peut-on expliquer qu'une feuille renferme des cellules vertes contenant donc de la chlorophylle et des cellules jaunes dépourvues de ce pigment ? Pour quelle raison une cellule est-elle apte à le synthétiser alors que sa voisine en est incapable ? Si une cellule produit une substance, c'est que dans son génome le gène de la synthèse est présent. Dans le cas contraire, il doit être absent ou inactif. Or, une fois entrée dans le processus de différenciation en feuille, une cellule se multiplie pour en donner d'autres qui lui sont toutes identiques pour former un tissu. Mais la multiplication peut aussi aboutir à donner une cellule différente des autres. Tel est le fondement même de la différenciation. La prolifération de cette cellule particulière conduira à l'obtention d'un tissu distinct du précédent. Ainsi, successivement plusieurs tissus se constituent et s'associent pour donner naissance à un organe, une feuille en l'occurrence. Dans cette conception de la mise en place d'un organe, ce que les spécialistes appellent l'organogenèse, il n'est pas envisageable de donner naissance à des cellules différentes au sein d'u tissu donné. Les travaux entrepris sur ce point ont alors révélé que les feuilles panachées contenaient en fait deux génomes : un avec le gène de synthèse de la chlorophylle dans les cellules vertes et un sans celui-ci dans les jaunes. Ce résultat peut s'interpréter en admettant par exemple la survenue aléatoire d'une mutation, c'est-à-dire d'une modification dans la structure de l'ADN.

Des données comparables ont été établies à partir de prélèvements effectués dans les couronnes de certains grands et vieux arbres où la variabilité du génome au sein d'un même pied s'observe. Désormais il ne fait plus de doute que chez les végétaux et principalement chez les arbres à la longévité quasi illimitée, avec le temps, des mutations contribuent à modifier très partiellement le génome, ce qui constitue, le cas échéant, une forme d'enrichissement génétique. Y-a-t-il un intérêt, pour un arbre, à renfermer ainsi plusieurs génomes alors que les animaux, sauf preuve du contraire, n'en possèdent qu'un seul ?

Une hypothèse permet de concilier ces points de vue. A mesure que le temps s'écoule des changements de l'environnement, et en particulier du climat, peuvent se manifester. L'arbre immobile pourrait ne pas les supporter s'il ne s'adaptait pas. Les mutations, même très peu nombreuses, représentent des moyens d'ajustement aux nouvelles conditions. A côté de cela, l'animal au génome unique, capable de déplacements, peut quitter un lieu qui lui est devenu inadapté pour en gagner un autre plus convenable. Finalement cette sorte de plasticité du génome des arbres est un atout supplémentaire nous permettant de vivre en toute quiétude contre vents et marées, ce dont les animaux ne sont pas capables.

Toujours à propos du génome des différents organismes, je rappelle une différence fondamentale observée dans le cadre des tentatives de rajeunissement. Les arbres et moi en l'occurrence, y répondons positivement, même si les méthodes à mettre en œuvre sont parfois longues, délicates et propres à chacun d'entre nous. En revanche, avec le monde animal, elles sont beaucoup plus difficiles, voire impossibles, à mener à bien. L'exemple de la brebis Dolly auquel j'ai fait allusion précédemment le démontre parfaitement. Je précise à nouveau que la perte de juvénilité ne correspond pas à des mutations, c'est-à-dire à des modifications de la structure fonctionnement de l'ADN, le support biochimique de l'hérédité. Elle découle plutôt de changements de son fonctionnement. Par conséquent le rajeunissement ne consiste pas à contrecarrer des mutations mais à éliminer des perturbations dans les activités de l'ADN.

A la lumière de ces informations d'origines diverses, quelle conclusion puis-je tirer quant à une suprématie éventuelle d'un règne sur l'autre ?

* *
*

Soyons beaux joueurs ! Constatons simplement, que la cellule végétale est plus performante que l'animale. Elle assure en effet, sans exception, toutes les fonctions de son homologue mais en plus elle réalise, contrairement à cette dernière, un processus lui conférant une autonomie totale : la photosynthèse. Mais il y a encore mieux ! Toute cellule, en raison de la présence de son ADN, est dotée de « tous les pouvoirs » ; On la dit « totipotente ». Ce qualificatif signifie qu'une fois isolée elle est compétente pour reconstituer l'organisme dont elle provient. Or, au cours des phénomènes de développement, certaines facultés s'effacent tandis que d'autres se révèlent. Ainsi, en entrant dans la voie de différenciation en racine, une cellule végétale n'exprime-t-elle pas ses potentialités de former des feuilles, bien que les gènes de cette forme d'organogenèse soient présents mais inactifs. En d'autres termes, une cellule est totipotente par nature mais pas forcément apte à matérialiser toutes ses possibilités. Lorsque certaines de celles-ci sont empêchées y-a-t-il moyen de les recouvrer ? Si dans le règne végétal des solutions existent, il n'en est pas de même avec les animaux. La perte de la juvénilité et les méthodes de rajeunissement l'illustrent tout à fait. A ce stade de mes réflexions, la cellule végétale m'apparaît plus élaborée et surtout susceptible, contrairement à l'animale, de retrouver une totipotence mise en sommeil au cours du temps.

Une autre différence porte sur la structure des organismes et les conséquences qui en découlent. Un animal est formé d'un ensemble d'appareils imbriqués les uns dans les autres. Ainsi la circulation sanguine apporte-t-elle le sang dans les poumons où il est oxygéné. De même, en conduisant à la décomposition enzymatique des aliments, la digestion libère de l'énergie que récupère en particulier le système musculaire. Il existe donc une coopération entre ces différents organes et non pas une compétition, laquelle engendrerait un dysfonctionnement pouvant, à la limite, se révéler délétère. En revanche, chez les végétaux, divers organes exercent des actions, positives ou non, sur d'autres. Mes amis les jardiniers le savent mieux que quiconque. Lorsqu'ils veulent donner à une plante, un rosier par exemple, un aspect plus massif, ils procèdent à une opération qu'ils nomment le « pincement ». Il s'agit tout simplement d'éliminer le bourgeon terminal d'un rameau. En réponse à cette décapitation, les bourgeons les plus proches de celui qui a été supprimé croissent, alors qu'ils ne le faisaient pas avant l'intervention. Cette opération prouve que les bourgeons terminaux, du rosier tout au moins, empêchent le développement des bourgeons voisins. J'ai également appris de la bouche des savants qui m'approchent que chez certaines espèces la floraison est inhibée par les racines. Cette compétition entre organes, fréquente dans le monde végétal, est bien plus rare, sinon totalement absente dans l'autre règne. Est-ce là un avantage ou un inconvénient ? D'une manière générale, toute compétition a pour but de fournir un avantage au vainqueur. Dans ces conditions, on peut penser que l'animal dépendant d'un fonctionnement coordonné de ses organes ne puisse pas en surmonter une défaillance accidentelle. Par contre, la plante soumise constamment à des pressions de tous ordres provenant de ses structures constitutives a les moyens d'échapper à un changement inopiné.

Bien qu'édifiés tous deux à partir d'unités, sinon strictement identiques mais pour le moins fort comparables, les deux règnes se distinguent par la combinaison de leurs cellules et tissus. Organisme intégré différemment par rapport à l'animal, le végétal présente, semble-t-il de ce fait, une forme de supériorité discutable aux yeux de certains comme l'est d'ailleurs l'idée d'une subordination des animaux vis-à-vis des plantes. Quant à moi, je pense l'avoir exposé sans équivoque, je suis intimement convaincu que pour vivre, l'animal ne peut absolument pas se passer de l'existence des végétaux. Bien entendu, à la marge, on pourra toujours trouver des exceptions démontrant que certaines plantes dépendent d'actions animales pour poursuivre leur vie. Tel est le cas des plantes et des arbres notamment dont la pollinisation exige l'intervention d'insectes ou d'oiseaux ou encore d'autres animaux. Toutefois, bien souvent ces vecteurs peuvent être remplacés par des facteurs extérieurs, le vent par exemple. Imaginons, ce qui n'est pas envisageable, un monde sans aucune plante. Les herbivores ne pouvant plus s'alimenter disparaissent, d'autant plus qu'ils sont en outre les proies des carnivores. Mais lorsque ces derniers se sont restaurés des premiers, ils ne trouvent plus rien à se mettre sous la dent et meurent à leur tour. Ainsi de proche en proche, en l'absence totale de plantes, les animaux sont voués à quitter notre terre à tout jamais. Dans l'hypothèse inverse, pas plus raisonnable que la précédente, d'un environnement dénué complètement d'animaux, les plantes vont poursuivre tranquillement leur existence, avec éventuellement ici ou là quelques anomalies qui, loin s'en faut, ne mettront pas en péril leur avenir. Dans ces conditions, comment justifier le fait que dans le monde vivant, les végétaux mieux armés, plus efficaces, soient moins bien considérés, voire complètement ignorés par les êtres humains ? Il y a là un paradoxe étonnant, frustrant et qui, déprimant pour moi, s'ajoute à mes souffrances morales. A ce sujet, je dois reconnaître une forme d'exagération dans mes tourments. En effet, ceux-ci sont nés et se sont développés à partir de mon absence de descendance. Or, je suis désormais en situation d'adresser à tous mes proches le faire-part de naissance de ma filiation. L'horizon va-t-il maintenant s'éclaircir ? Les nuages gris parviendront-ils à s'estomper ? Le bonheur m'envahira-t-il enfin ? Pas sûr ! Surtout quand je me rends compte que lorsqu'ils observent leur vie intérieure ou les images qu'ils donnent d'eux-mêmes, mes congénères éprouvent des troubles comparables aux miens.

10. Impressions et expressions des membres de notre famille

Des phobies

J'ai déjà fait allusion à la sensation de solitude que je peux éprouver ici au Jardin des Plantes. Nombre de mes semblables la ressentent également. J'ai appris par exemple qu'un cerisier l'affronte régulièrement avec douleur. Planté sur un petit carré de pelouse d'une propriété du centre de Paris, il côtoie seulement les herbes du gazon et les hauts murs de pierres des constructions au sein desquelles il est enfermé pour ne pas dire emprisonné. Au printemps ses fleurs épanouies attirent les abeilles butineuses dont les ruches abondent désormais sur les toits des immeubles. Puis tandis que son nouveau feuillage se développe, des oiseaux en quête de futur domicile nuptial et d'ultérieure nursery lui rendent visite. Les fruits rassemblent au début de l'été les occupants de la copropriété et des sansonnets qui, de campagnards sont devenus maintenant citadins. Tous se régalent des cerises juteuses et sucrées produites en ce lieu toutefois un peu trop septentrional pour elles. Mais dès l'automne et la chute des feuilles, les oiseaux délaissent l'endroit, le jardinier cesse la tonte, les habitants n'investissent plus ce coin de verdure : le cerisier redécouvre comme chaque année à la même époque la solitude. Qu'elle est longue cette attente du printemps suivant ! D'abord en cette période il faut lutter contre les rigoureuses conditions météorologiques, ce qui n'est guère réjouissant. Ensuite, faute de rencontres épanouissantes, l'unique occupation consiste à se remémorer les étapes de l'année écoulée avec leurs épisodes tantôt agréables tantôt tristes. Inévitablement, au fil de cette rétrospective, des souffrances passées sont réactivées. Malheureusement, compte tenu de l'isolement, elles ne peuvent être ni exprimées, ni surtout partagées, ce qui permettrait pourtant de les rendre plus supportables.

La solitude peut se manifester aussi de façon indirecte par les effets qu'elle induit. Ainsi, à l'image des humains, l'arbre solitaire est-il sensible aux frayeurs nocturnes. C'est parce qu'il se trouve seul qu'il redoute les menaces de la nuit. En forêt, les proches voisins participent à la création d'une sorte de solidarité de masse sécurisante. Mais en l'absence d'un environnement considéré comme protecteur, les craintes envahissent le pauvre être isolé. Dans son « Dialogue de l'Arbre », Paul Valéry fait une allusion à cette situation lorsqu'il fait dire au pâtre Tityre à propos d'un hêtre esseulé qui, la nuit angoisse : « Il frissonne en soi-même : on dirait qu'il se parle. La peur habite en lui, comme elle fait en nous, quand nous sommes tout seuls, la nuit, avec nous-mêmes, et tout à la merci de notre vérité.

Gilbert Bécaud a chanté « La solitude ça n'existe pas ». Tout porte à croire que cette phrase concerne le genre humain uniquement. Comme je viens de le montrer les arbres en sont victimes. « La solitude est un piège. Elle ne bonifie personne, c'est l'antichambre de la mort » affirme un de mes congénères dans « Paroles d'Arbre » de Michel Luneau. C'est bien là un argument s'opposant aux refrains égrenés par le chanteur. En dehors de cet isolement difficilement endurable par les arbres, diverses craintes les hantent et ils n'hésitent pas à en faire état.

* *
*

La transplantation, le repiquage : ces interventions pourtant banales, classiques dans le domaine de la pépinière, nous les redoutons. Elles sont bien sûr indispensables en vue de notre installation dans un lieu où nous ne sommes pas nés. En dehors des conditions naturelles, nous entrons dans la vie *via* la main de l'Homme, soit à la suite de semis, soit par l'intermédiaire de structures de multiplication végétative telles que des boutures ou des marcottes. Puis, enfants, voire adolescents, enfin une fois que nous avons atteint une taille jugée suffisante nous sommes arrachés à notre berceau d'origine pour être implantés dans un endroit que nous n'avons pas choisi et où nous serons amenés à passer notre existence. Parfois, souvent même, celui-ci, agréable, est fort bien adapté à notre épanouissement futur. Cependant il arrive que des fautes d'appréciation ou de goût nous contraignent à un emménagement complètement étranger à nos souhaits et à nos besoins. Hélas ! Nous ne pouvons pas manifester notre désapprobation quant à ce choix qui nous échappe. Alors nous devons faire d'énormes efforts pour parvenir à survivre dans ces contextes défavorables. Lorsque le cadre qui nous est imposé satisfait pourtant pleinement nos envies et nos exigences nutritionnelles, le passage de la nursery au monde des adultes n'est pas une étape anodine et encore moins une partie de plaisir. En effet, notre extraction du substrat initial de culture, aussi précautionneuse soit-elle, entraîne inévitablement des traumatismes au niveau de nos frêles racines. Certaines, brisées, demeurent en terre, d'autres, blessées, accompagnant néanmoins le pied prélevé, périront à brève échéance. Pire, parfois le professionnel en sectionne volontairement quelques-unes au sécateur pour induire une ramification ultérieure du système. Qui peut se permettre d'affirmer sans vergogne que ces opérations sont non seulement indolores pour nous mais, qui plus est, bénéfiques ? Les humains bien sûr !

Ils connaissent pourtant eux aussi la transplantation, le déracinement comme ils l'appellent en usant d'un vocabulaire qui se réfère à notre anatomie et reconnaissent tout le tragique de cette épreuve. Dans son roman « Les déracinés », Maurice Barrès s'attache justement à en montrer les dangers. Le récit se déroule au début à Nancy où Paul Bouteiller enseigne la philosophie. Celui-ci, républicain kantien convaincu, est alors appelé à Paris par Gambetta. Répondant à l'appel de leur Maître, sept élèves rejoignent la capitale, symbole de l'intellectualisme, de la politique et surtout de l'ambition. Déracinés de leur Lorraine d'origine certains pourront envisager une ascension sociale aboutissant à une carrière glorieuse mais au prix d'un renoncement à leurs idéaux de jeunesse. En revanche pour deux d'entre eux, le rêve se transformera en drame et se terminera par un crime : le meurtre d'une jeune princesse orientale pour lui voler ses bijoux. L'un des assassins terminera ainsi ses jours sous la lame de la guillotine. Dans cette situation, la coupure du lien avec sa terre d'origine porte la responsabilité de la déchéance. Du moins, telle est la thèse développée par Maurice Barrès qui, dans ce roman politique instruit le procès de l'institution scolaire républicaine. D'après lui, elle dispense un enseignement prônant la suprématie de l'intérêt national au détriment du local, ce qui la conduit à un « uniforme d'âme » selon ses propres paroles. Pour l'auteur donc, le déracinement, consécutif ici à la pression d'un Maître républicain jacobin, aboutit à ne plus distinguer les êtres les uns des autres, parce qu'il s'oppose à l'épanouissement des individus à partir de leur berceau régional. J'ajoute que dans ce récit, Maurice Barrès ne se limite pas à cette seule critique de la formation scolaire aux mains des « enseignants de gauche » comme on dit aujourd'hui. Il s'en prend également au parlementarisme en dénonçant la collusion du monde politique et du grand capital, ce qui rend son discours tout à fait crédible encore de nos jours.

Autre source de souci pour les arbres implantés en ville : installés sur un espace public ou sur un petit terrain privé attenant à un pavillon, ils sont soumis aux restructurations du paysage. Pour creuser une piscine ou pour libérer la place en vue d'un aménagement nouveau, leur abattage peut être décidé rapidement et exécuté sans délai. Ils ne disposent en réalité que d'un contrat de vie à durée déterminée, une sorte de CDD comme l'on dit dans le monde du travail. Ils s'émeuvent de cette précarité et rappellent pour leur défense que la disparition d'un arbre doit être dorénavant compensée par la plantation d'un autre. Pour respecter la réglementation, remplacera-t-on un platane séculaire ou un fruitier de plusieurs dizaines d'années par un forsythia d'un an ? Cette démarche est appliquée pour rester en conformité avec les textes. Elle est vigoureusement combattue par Francis Hallé qui, dans son livre « Du bon usage des arbres » soutient : « je vous dis à vous, élus, que vous pratiquez une (…) arnaque si vous croyez nous rassurer en annonçant que pour un vieil arbre abattu, dix jeunes arbres seront plantés ». Les groupes d'obédience écologique militant pour la sauvegarde des arbres en place n'hésitent plus à se saisir des projets d'élimination de nos congénères dans le seul but de modifier l'espace où vivent ces derniers. Aussi les responsables de ces initiatives réfléchissent-ils à deux fois avant les sacrifices d'êtres qui donneront inévitablement lieu à manifestations, voire à actions en justice.

* *
*

Nous autres feuillus perdons toutes nos feuilles à l'automne. Dans la mesure où nous les remplaçons au printemps suivant, personne ne peut raisonnablement imaginer que ce phénomène constitue pour nous une épreuve pénible. Demandez donc aux malades traités par chimiothérapie si leur alopécie est bien acceptée ! Assurément non ! Un tel changement morphologique imposé leur apparaît comme une atteinte à leur intégrité physique difficile à supporter. Mais ils n'ont pas le choix. L'abscission foliaire que l'on peut considérer un peu comme une chute capillaire humaine, aboutit aux mêmes sentiments douloureux de perte de personnalité. Evidemment les faits demeurent fondamentalement incomparables dans la mesure où, dans le processus que nous traversons, notre cime n'est pas surmontée de cette épée de Damoclès de l'affection encore trop souvent délétère. Mais tout de même, dans ces deux situations, les apparences de nos corps se rapprochent assez. Dénudés, décharnés aux yeux de certains, nous laissons penser à l'imminence de notre mort.

En outre, si au printemps notre logiciel physiologique rencontre quelques défauts de redémarrage du fonctionnement de nos bourgeons, les nouvelles feuilles n'apparaîtront pas. Or, en leur absence nous ne pouvons pas capter l'énergie lumineuse. Celle-ci nous est pourtant absolument vitale, d'autant que lors de notre phase défoliée nous utilisons nos réserves qui rapidement s'épuisent faute de renouvellement. La perte de nos feuilles n'est donc pas sans risques et par conséquent nous la craignons.

Amputés de nos organes foliaires, nous entamons une période hivernale de repos forcé que les physiologistes végétaux nomment dormance comme j'ai déjà eu l'occasion de le dire. En fait, au risque de me répéter quelque peu, au cours de cette phase non alimentée en énergie lumineuse faute de feuilles, nous ne faisons que survivre. Nous ne produisons donc plus rien, en particulier plus de fleurs et par conséquent notre activité sexuelle est complètement inexistante. Qui pourrait se complaire dans cette médiocrité de vie ? Pire, si le signal de fin de la partie n'est pas perçu, nous risquons de demeurer dans cette sorte de coma pour longtemps. Le sommeil hivernal est fort apprécié mais son terme signifiant le retour à la vie active est attendu avec craintc. A cc sujct, un dc mcs voisins du Jardin des Plantes, l'érable de Crête âgé de plus de 250 ans me disait à la fin de l'été dernier : « Salut l'ami, je vais entrer en somnolence. J'espère rouvrir complètement les yeux dans quelques mois mais à mon âge avancé, rien n'est acquis ! ». Qu'il a raison ! Le franchissement en « roue libre » de la frontière été-automne marque de manière anxiogène l'entrée dans l'absence de vie apparente tout au moins. Après ces premières paroles pleines de tristesse, celui qui habite à proximité poursuivait en ces termes « Si je ne me réveille pas au printemps, peux-tu avoir la gentillesse de prévenir les jardiniers ? » Dans de semblables cas, ces derniers s'affairent pour appliquer au patient anesthésié un cocktail hormonal contenant ce qu'ils appellent de la gibbérelline. La première fois que j'ai entendu ce mot barbare dans leur bouche, j'ai cru comprendre qu'ils ne voulaient pas dévoiler le nom du précieux produit et qu'ils le désignaient par l'association des prénoms des enfants de l'un d'eux à savoir Gilbert et Line. J'ai appris depuis qu'il n'en était rien et que gibbérelline était bien le nom exact de la drogue utilisée.

Malgré son caractère reposant, la dormance peut donc entraîner un stress à propos de sa levée. Celui-ci se transmet alors dans nos échanges et ne fait qu'augmenter les phobies que mes semblables et moi ressentons.

En dehors des peurs diverses qu'ils ressentent, les arbres sont capables de penser et de méditer comme l'affirment respectivement le pâtre Tityre et le philosophe matérialiste Lucrèce dans le « Dialogue de l'Arbre » de

Paul Valéry. Ainsi la perspective de la mort éventuelle et du néant hypothétique qui lui fait suite, constitue pour eux un sujet de profonde réflexion.

Disparaître ou subsister sous d'autres formes ?

Comme je l'ai déjà souligné, j'ai été épargné par les tempêtes dévastatrices. Mais tous mes amis n'ont pas bénéficié d'un tel avantage. Imaginons que l'un d'entre eux soit déraciné par un vent particulièrement violent. Comment réagit-il à ce sinistre ? Nous ne pouvons, bien entendu, qu'émettre des hypothèses à ce sujet. Cependant, il y a tout lieu de penser qu'il se lamente d'abord face à cet avenir brusquement bouché de façon définitive. Il éprouve probablement un sentiment de profonde injustice. Potentiellement immortel comme moi, il est brutalement anéanti par les capricieux aléas climatiques que personne ne peut maîtriser. Certes il ne doit pas être le seul à payer ce tribut aux arbitraires météorologiques mais, parmi ses voisins, certains ont résisté aux furies atmosphériques. Alors pourquoi lui ? Il est en parfaite santé. De plus il est en place depuis si longtemps que ses racines assurent, sans la moindre réserve, un ancrage exemplaire dans le sol. Et puis surtout il a, par le passé, connu bien d'autres violentes bourrasques qui ne sont jamais parvenues à l'abattre. Pour expliquer l'événement, il se demande si avec son port érigé et sa haute stature, il n'est pas apparu comme trop fier, voire arrogant tel le chêne de la fable de La Fontaine. Dans ce cas, il paierait son comportement dominateur. Mais qui a le pouvoir d'infliger ce type de châtiment ? Un esprit supérieur ? Non bien sûr : cet événement résulte vraisemblablement d'une conjonction de hasards et il est inutile d'essayer d'en rechercher des interprétations irrationnelles.

La victime peut aussi se poser d'autres questions. Cette situation nouvelle qu'elle connaît, annonce-t-elle une inéluctable disparition ? Est-elle désormais engagée de manière irréversible vers un futur néant ? N'existe-t-il pas vraiment pour elle de possibilité de repartir, de renaître en quelque sorte ? A cet égard, la comparaison avec les espèces particulièrement aptes à la multiplication végétative sont encourageantes. Les ronces dont les tiges touchent le sol, forment aisément des racines à ce niveau, ce qui en pérennise la vie. Il en va de même chez les fraisiers, les framboisiers et bien d'autres plantes encore. Les exemples en la matière sont nombreux, alors pourquoi n'en irait-il pas de même avec cet arbre déraciné ? Ce tronc, non plus dressé mais à présent couché, devrait maintenant être capable de produire des racines dans sa zone de contact avec la terre. Aussi logique soit-elle, cette idée, simpliste en fait, résulte d'une ignorance totale de la diversité de comportement des êtres vivants et des végétaux en particulier. Tous, en effet, n'ont pas les mêmes facultés ! L'écorce, puisque c'est elle qui tient lieu d'interface entre l'organisme touché et son support habituel, l'écorce d'un vieil arbre n'est pratiquement jamais dotée de cette possibilité de donner naissance à des racines.

Polytraumatisée comme qualifie le monde médical la victime d'un lourd accident, l'arbre abattu est en trop mauvais état pour envisager raisonnablement de retrouver vie. Ses racines sont en grande partie disloquées, de nombreuses branches ont été brisées par la chute, rares sont ses organes épargnés par la violence du choc. Quelle issue se profile dans ce contexte sinon la disparition ? Mais alors, dans cette éventualité qui apparaît somme toute inévitable, est-ce que mort signifie inexorablement vacuité ? Existe-t-il chez les végétaux un avenir après la mort ? Le découpage à la tronçonneuse de l'arbre puis la combustion de ses bûches dans une cheminée aboutissent, bien évidemment, à l'élimination pure et simple du malheureux être que le vent déchaîné a fait entrer dans le monde des invalides. Des cendres ne remplissent aucune fonction, ne participent pas à la vie sociale : dénuées de tout pouvoir, ignorées de tous, elles disparaissent sans que personne ne s'en offusque ni même s'en aperçoive.

Cependant, si, au lieu d'être dirigés vers la production de chaleur, les tronçons le sont vers l'ébénisterie, ils acquièrent un nouveau rôle. Un merisier transformé en armoire ne perd pas complètement sa dignité et ses possibilités d'échanges avec la société. Il est respecté, traité avec beaucoup de soins, voire d'affection. En retour, à lui d'accueillir et de protéger ce que la maîtresse de maison désire y déposer. De même un pin découpé en planches destinées aux rayonnages d'une bibliothèque ne peut que se satisfaire pleinement de sa nouvelle mission. Il est en contact permanent avec les pages des ouvrages qu'il a la charge certes mais aussi l'honneur de porter. Lorsqu'un lecteur s'approchera pour chercher un livre, il posera sa main sur son bois poli et façonné par la main de l'Homme. Il ressentira ainsi une sorte de caresse qui lui rappellera celles qu'il a connues dans sa vie antérieure lorsque des forestiers manifestaient leur satisfaction devant ce splendide corps, ou quand des amoureux prenaient appui sur lui pour s'étreindre. Le chêne également métamorphosé en fauteuil, apprécie avec sensualité les chutes de reins qui s'appuient sur son dossier et surtout les fessiers qui trônent sur son assise. Sur les accoudoirs, les déplacements des mains des personnes installées sont perçus comme des attouchements tendres, à la limite voluptueux.

Le mobilier ne représente pas l'unique voie de renaissance et de pérennité des arbres abattus. La sculpture en constitue une autre. Confié aux doigts artistes un morceau de bois devient une statuette, un personnage, un animal, une représentation abstraite. Peu importe à vrai dire le résultat final. L'important réside dans l'attention, la minutie, l'amour avec lesquels le travail est effectué et surtout dans les lendemains de l'œuvre. Les coups de ciseaux, de bédanes, de râpes ne sont pas ressentis comme des agressions physiques mais comme des manipulations de remise en forme. Le ponçage final et le vernissage donnent l'impression d'un effleurement attentionné. Déposée ensuite sur un meuble ou dans une vitrine, la pièce artistique ainsi réalisée entame une seconde vie. Elle partage le quotidien de ses hôtes, fait l'admiration sincère ou convenue des invités. Muette, sans jamais manifester la moindre réaction, elle sait se faire oublier et devient, dans ces conditions, une oreille à l'écoute des discussions où des informations secrètes peuvent être échangées sans précaution. A l'état de sculpture, un arbre abattu, considéré comme perdu à tout jamais, prolonge ainsi, quasi indéfiniment son existence sous une forme différente de celle vécue antérieurement. Tel est, sous la plume de Didier van Cauwelaert dans « le journal intime d'un arbre », ce qu'exprime un fragment du poirier Tristan « tombé au lever du jour » à la suite d'une tornade. Une jeune fille, Manon, l'a récupéré et a commencé à le polir pour en faire une statuette. Celle-ci affirme alors : « J'échappe à la mémoire de l'arbre mort pour devenir une sculpture vivante (...). C'est là que j'ai compris qu'une nouvelle existence posthume allait, peut-être, commencer pour moi.

Contrairement à ce que soutiennent certains, les arbres pensent et n'hésitent pas à exprimer les fruits de leurs réflexions. Ils sont même capables d'analyser et de commenter quasiment tous les paramètres qui participent, d'une manière ou d'une autre, à leur devenir. Ils aboutissent ainsi à la réalisation de véritables images de leur vie.

Les images que nous offrons

En contemplant un arbre, on observe en réalité seulement une portion de son organisme, celle qui se développe au-dessus de la terre, à la lumière. Mais il est également pourvu d'une partie enfouie dans le sol : le système racinaire. Bien que caché à l'œil humain ce dernier possède un volume au moins égal à celui de la zone aérienne. Les racines qui colonisent le sol ne sont pas toutes identiques ni comparables quant au rôle qu'elles remplissent. Souvent l'une d'elles, d'une taille supérieure aux autres et qualifiée de principale, plonge très profondément dans la terre. Elle émet de plus des ramifications appelées racines secondaires ou radicelles qui ont tendance, elles, à croître plutôt horizontalement à faible profondeur. Cet ensemble contribue à l'ancrage du sujet. Par ailleurs, les radicelles les plus jeunes participent au prélèvement de l'eau et des sels minéraux contenus dans le sol et vitaux pour le végétal. De plus, très souvent des champignons se fixent sur ces racines pour établir une symbiose permettant d'améliorer grandement l'absorption minérale. C'est donc dans ce lieu habituellement réservé aux cadavres et aux animaux un peu répugnants qu'une partie fondamentale de la vie de l'arbre se déroule. Dans le « Dialogue de l'Arbre » de Paul Valéry, Lucrèce constate à propos d'un hêtre : « Dans l'empire des morts, des taupes et des vers, l'œuvre de l'arbre insère les puissances d'une étrange volonté souterraine ».

Moi, platane de Buffon, si je devais peindre un tableau représentant la morphologie complète d'un de mes proches, je choisirais un palétuvier dans une mangrove sous les tropiques. Cette espèce se singularise par l'existence de racines en partie aériennes qui pourraient donc apparaître sur la toile contrairement à celles des autres arbres du tableau dont les racines enterrées seraient invisibles. J'ajoute par ailleurs que je pourrais aussi m'appliquer à dessiner un de mes cousins urbains planté sur un espace public et emprisonné par du bitume au niveau de son collet. Dans ce cas je mettrais bien en évidence des fissures dans le revêtement étouffant du sol. Elles manifesteraient la lutte des racines contre l'incarcération. Quant au petit muret qui entoure le pied de l'arbre à tout juste un mètre de sa périphérie, j'y ferais figurer des lézardes, fruits également du combat racinaire.

A côté des représentations de l'arbre par les peintres figuratifs, il convient de souligner combien l'arbre participe au monde des images. Ainsi, ancré dans la terre, séquestré même selon certains, l'arbre rappelle à ce titre le cygne du sonnet de Stéphane Mallarmé. Ce gros oiseau se trouve emprisonné dans la glace d'un lac « où son plumage est pris » parce qu'il a été incapable de se dégager à temps. Au travers de ces vers d'une extrême musicalité, où toutes les rimes contiennent la voyelle « i », l'auteur aborde le thème de la création poétique qu'il vit comme un drame. L'étendue d'eau gelée, le « lac dur », selon sa propre formule, représente la force qui pèse sur un écrivain et l'empêche de créer en attendant « le bel aujourd'hui » qui sonnera l'heure de la délivrance. « Le transparent glacier » qui retient les ailes du cygne et en interdit le mouvement, s'oppose aux tentatives de libération qui se révèlent désormais « sans espoir ». Un socle rigide, tel ce plan d'eau glacée, muselant toute liberté, se retrouve au niveau du sol où plongent les racines des végétaux et en particulier celles des arbres. A ce propos, dans son poème « Au platane », Paul Valéry insiste sur la servitude imposée par la terre à un « grand platane ». Il dit par exemple :

« …ton pied retenu
Par la force du site »,

ou bien :

« La noire mère astreint ce pied natal et pur
A qui la fange pèse »,

ou encore :

« Pressens autour de toi d'autres vivants liés
Par l'hydre vénérable...
Qui, par les morts saisis, les pieds échevelés
dans la confuse cendre ».

Pour tenter d'échapper à ce piège terrestre, pour essayer de sortir de cet isolement imposé, la racine principale pivotante s'allonge. Le résultat est à l'opposé du but recherché : la tenaille se refermant sur une masse d'un volume supérieur, l'étreinte est d'autant plus efficace ! Par ailleurs, cette terre captive est riche de cadavres qui s'agrippent au système racinaire et qui, par là même, retiennent encore davantage la plante à son support. Mais si la terre capture en quelque sorte l'arbre, elle le nourrit également à l'aide des produits de décomposition qu'elle renferme : « l'empire des morts » selon Paul Valéry dans son « Dialogue de l'Arbre ». En un mot, elle lui permet de vivre de la mort des autres : une dépendance qui pourrait bien s'arrêter un jour si un maillon de la chaîne venait à faire défaut ! Finalement l'arbre apparaît un peu comme l'emblème de la condition humaine, c'est-à-dire prisonnier du contexte dans lequel il se développe.

* *
*

Outre nos racines, quelques autres de nos attributs anatomiques peuvent engendrer des images d'un moment de notre vie. Il en va ainsi des épines par exemple pour ceux d'entre nous qui en sont dotés. Le prunellier, communément appelé épine noire, porte bien son nom. Ses branches riches en énormes épines sombres sont enchevêtrées de manière très serrée, formant de ce fait un écran défensif efficace. Planté dans les campagnes en haies, il joue le rôle de clôture infranchissable par le bétail. Par ailleurs, à l'abri dans ce réseau impénétrable, les oiseaux y nichent tranquillement hors de portée de leurs ennemis. Quelle belle image que celle d'un prunellier en fleurs dissimulant un nid d'où s'échappe un passereau multicolore !

Ces organes assurent également d'autres fonctions que celle de défense dont il vient d'être question. Ainsi peuvent-ils contribuer à la régulation de la teneur en eau. Tel est le cas en particulier chez les cactus.

Précieuses donc dans une certaine mesure, ces excroissances peuvent également constituer des formes de handicap pour nous. Une histoire m'a été contée un jour à ce propos par un de mes amis du Jardin, un robinier, appelé à tort acacia par certains. Il réside ici depuis 1636 et, à ce titre, semble pouvoir être considéré comme le plus vieil arbre de Paris. D'une vingtaine de mètres de hauteur, il présente un tronc épineux. Par ailleurs son écorce et ses graines renferment une substance très toxique pour les animaux : une lectine. En raison de cette présence d'excroissances piquantes et de lectine, il repousse les divers prédateurs. Bénéfiques parce que protectrices pour lui, ces ornementations morphologiques constituent cependant parfois un handicap quelque peu désagréable. Les rares détritus papier abandonnés dans notre parc, entraînés par le vent peuvent s'accrocher aux épines et ne plus s'en détacher. Loin de ressembler à un sapin de Noël décoré de ses guirlandes, notre brave robinier fait triste figure. Cet aspect négligé lui fait perdre une partie de sa dignité. Piètre tableau que celui de ce spectacle ! Heureusement nos jardiniers aux yeux vigilants le débarrassent rapidement de ces souillures. Ils interviennent non pas manuellement à cause de l'agressivité des épines mais à l'aide d'un mini compresseur dont le souffle, suffisamment puissant, détache les avilissantes salissures, ce qui permet à notre aîné de retrouver aussitôt son honneur.

Nos épines ne se développent pas uniquement sur nos tiges comme je viens d'y faire allusion. Certains de nos fruits en sont également ornés. Ainsi les châtaignes sont-elles protégées par une enveloppe hérissée : la bogue. Celle-ci, obstacle difficilement contournable par les petits animaux qui voudraient se régaler du fruit, protège la graine et maintient de ce fait la viabilité d'une descendance potentielle.

Intervenant donc prioritairement dans la protection des arbres envers leurs agresseurs, les épines n'épargnent pas l'Homme. L'une d'entre elles s'est forcément logée, un jour ou l'autre, au bout d'un des doigts des bucherons. Ils en connaissent le prix de la douleur et surtout ils savent combien il est alors urgent d'éliminer l'intruse et de désinfecter la plaie pour éviter une infection. Mes cousins impliqués dans ces désagréments ne sont pas vraiment fiers de leurs actions mais ne s'en estiment pas non plus véritablement responsables. Selon eux, l'Homme doit respecter les arbres, leur être suffisamment attentif pour ne pas arracher ces épines. En un mot, ils ne partagent pas tous, loin s'en faut, ces paroles de l'un des nôtres qui, dans « Paroles d'Arbre » de Michel Luneau, déclare : « Vous ne soupçonneriez pas le plaisir que l'on peut éprouver à glisser des éclisses sous les ongles et à provoquer des panaris.

* *
*

Pourvus de ces organes inspirant la crainte, voire le dégoût des humains, quelques-uns de mes amis sont ainsi relégués au rang d'arbres peu dignes d'intérêt. En fait pour cette raison mais aussi pour bien d'autres, il est classique chez les humains de distinguer les arbres qui attirent de ceux qui repoussent. Au registre des premiers, qualifiés parfois d'arbres bénéfiques, émarge en priorité le chêne. Croissant très lentement il produit un bois dur et particulièrement résistant aux attaques des insectes et des champignons en raison des tanins qu'il contient. Par conséquent il est fort apprécié et très utilisé. Les charpentiers, les menuisiers font largement appel à lui. De même les vignerons y vieillissent leurs vins dans des tonneaux de ses bois dont la structure plus ou moins fine selon l'origine des arbres, confère aux breuvages des goûts différents. Dans cet ordre d'idées les anglo-saxons immergent des copeaux de ce bois dans leurs barriques, ce qui n'est pas d'usage dans notre pays. Mais chez le chêne, le bois n'est pas le seul constituant à être exploité. Ainsi l'écorce est-elle employée dans la transformation des peaux d'animaux en cuirs grâce, là encore, à sa richesse en tanins d'où le nom de tannage donné à cette opération. De plus, dans certaines espèces particulières, cette écorce développe de telles épaisseurs de liège que ce dernier est récupéré pour être dirigé vers les industries bouchonnières ou d'isolation. Enfin, les fruits du chêne c'est-à-dire les glands fournissent des farines consommées autrefois par les humains et aujourd'hui encore par les animaux domestiques ou sauvages, notamment les porcs et les sangliers.

Le hêtre est lui aussi considéré comme un « bon arbre ». Appartenant à la famille botanique du chêne, celle des Fagacées, il présente de nombreux points communs avec celui-ci auquel il est souvent associé en forêts. Comme lui, il est apprécié des menuisiers. En revanche il ne l'est pas des charpentiers. En effet, si les bois de chêne et de hêtre sont durs, le dernier se caractérise par une remarquable aptitude au cintrage, ce qui le destine en priorité à la fabrication de sièges et non à la charpenterie. En outre son haut pouvoir calorifique, très voisin de celui du bois de chêne, en fait un matériau de chauffage très recherché. Autre similitude avec le chêne, les fruits du hêtre, les faînes, entrent dans l'alimentation des animaux, mais dans ce cas de façon assez limitée. De manière anecdotique, l'Homme les consomme, rarement il est vrai, sous forme grillée en accompagnements de quelques plats.

Le châtaignier, une autre Fagacée, est aimé pour son bois de grande qualité qui a par ailleurs la réputation d'éloigner les araignées et les poussières. Il a été de ce fait utilisé pour l'édification des charpentes, notamment celles des châteaux où il contribuait à la dispense des tâches ménagères et d'entretien. Bien entendu cet arbre est avant tout connu et estimé pour ses fruits qui, par le passé ont joué un rôle important dans la nourriture humaine.

Un autre arbre a les faveurs du public : le tilleul. Contrairement aux précédents dont il vient d'être question, son bois est tendre, ce qui lui interdit presque totalement une utilisation en menuiserie et surtout en charpenterie. A l'opposé et en raison justement de cette propriété, son travail est aisé, ce qui l'oriente bien évidemment vers la sculpture. Cependant, l'attrait primordial du tilleul réside dans ses fleurs qui, une fois visitées par les abeilles, participent à l'élaboration d'un miel aux innombrables vertus médicinales. De plus et surtout, ces fleurs, une fois récoltées et séchées entrent dans la pharmacopée des phytothérapeutes eu égard à leurs actions bénéfiques au niveau des troubles nerveux ou de l'élimination des toxines ou encore de la crise de goutte.

Parmi les autres « bons arbres » figurent l'orme, le frêne et le bouleau. L'orme se fait de plus en plus rare à cause de la dévastatrice graphiose. Il est très apprécié des sculpteurs pour sa structure homogène et la finesse de son grain. Le frêne au bois dur tout en restant flexible, participe à la confection des manches d'outils de force tels que les pelles, les pioches et les haches. Quant à ses feuilles, utilisées en tisanes, elles concourent à atténuer, semble-t-il, les douleurs articulaires. Le bouleau au bois lui aussi souple, sert à la fabrication de balais et de manches, en particulier de maillets employés pour enfoncer les coins métalliques servant à fendre les billes de bois. En frappant ainsi dessus avec une masse ligneuse on évite d'en écraser les têtes. Léger, le bois de bouleau est tout indiqué dans la saboterie et dans la construction de charrettes et de chariots. Et puis, les divers organes de bouleau, à l'image de ceux de bon nombre d'autres espèces, seraient dotés de pouvoirs médicinaux qui n'ont jamais été démontrés réellement.

A côté de ces essences qui chez l'Homme engendrent une réelle sympathie, d'autres au contraire font naître une crainte, un sentiment de rejet. Le meilleur exemple à ce sujet est probablement celui du mancenillier ou arbre à poison, un arbre d'Amérique équatoriale et d'Arabie qui contient un latex hautement toxique.

Le cyprès traditionnellement planté à l'entrée des cimetières évoque de ce fait la proximité avec la mort, d'autant plus qu'il entre dans la fabrication des cercueils en particulier des papes. Toutefois dans ce cas il fait plutôt référence à la vie éternelle représentée par ce conifère.

Le noyer, lui, suscite la répulsion. Il s'oppose tout d'abord au développement de nombreuses plantes dans son proche environnement. Selon la tradition populaire il est dangereux de se coucher sous cet arbre. Les raisons de ce péril résidaient autrefois dans les nausées et maux de tête que provoque un moment de repos en ces lieux. L'interprétation donnée alors faisait référence à des visites du Diable. On sait aujourd'hui que les troubles ressentis dans ce contexte résultent d'émissions de volatils par le noyer. Pour ce qui concerne la rareté voire l'absence de végétation dans son voisinage, il a été prouvé qu'une substance, la juglone, naturellement présente dans les organes du noyer, entraînée par les précipitations, forme au niveau du sol un inhibiteur de la germination de nombre de plantes.

Le peuplier est une espèce plus complexe du point de vue des humains. Alors que le blanc personnifie l'espoir, le noir est lié aux enfers, aux larmes, à la douleur et à la nostalgie. Cette vue de l'esprit ne repose évidemment sur aucune réalité avérée. Elle tient au fait que dans l'Antiquité, les morts étaient recouverts de peupliers noirs et également parce que sous l'effet du moindre courant d'air, les feuilles du peuplier tremblent à l'image d'un être effrayé.

Outre ces images que nous offrons, nous représentons des symboles comme j'ai pu déjà, ici ou là, y faire allusion. A une espèce donnée correspond un emblème particulier. Mais l'arbre en tant qu'entité apparaît lui aussi comme une source de métaphores.

11. Les métaphores de l'arbre

La métaphore du cosmos

L'univers est peuplé d'êtres qui y vivent et participent au maintien d'une forme d'harmonie dans cet ensemble complexe. L'Homme d'une part, la vie d'autre part et enfin l'équilibre du cosmos auquel ils participent avec plus ou moins d'efficacité, ont été comparés et assimilés à des arbres. Cette symbolique difficile à décrypter, et donc à décrire, me passionne pour l'effort intellectuel qu'elle suscite en moi.

* *
*

Pour subsister l'Homme a besoin au minimum d'un sol, d'une atmosphère et de lumière. L'arbre également. Pour ce qui concerne le sol tout d'abord, l'Homme en a une absolue nécessité pour prendre appui. Mais au-delà de ce support matériel, il n'est apte à faire face à des situations délicates que s'il est parfaitement ancré dans son environnement familial, professionnel ou amical qui tient lieu d'appui indispensable. L'arbre quant à lui, ne résiste aux vents violents que s'il a développé un système racinaire suffisant. Dans sa loi orale la Mishna, le Talmud indique dans un des chapitres de son traité dédié à la morale : « [Pour] une personne…comparée à un arbre…dont les racines [sont] clairsemées…le vent [qui] souffle, le déracine et le retourne. Mais [quand] une personne est comparée à un arbre…dont les racines sont nombreuses…même si tous les vents du monde venaient à souffler, ils ne seraient pas en mesure de le faire chuter ». De plus l'Homme prélève dans le sol l'eau essentielle à sa survie. De la même façon l'arbre puise avec ses racines l'eau souterraine vitale pour lui. La comparaison Homme-arbre apparaît donc justifiée à la vue de ces simples constatations. D'ailleurs le vocabulaire usuel ne s'y trompe pas. Ne parle-t-on pas de « pied » pour désigner ce qui chez l'Homme assure le maintien sur la terre et chez l'arbre ce qui est en contact avec le sol ? A propos de l'atmosphère maintenant, l'Homme ne peut pas se passer d'une enveloppe gazeuse dans laquelle il s'approvisionne en oxygène sans lequel sa respiration, phénomène primordial pour lui, ne peut avoir lieu. L'arbre exige lui aussi ce contexte gazeux environnant. Il y trouve du gaz carbonique, matière première de son impératif processus fournisseur d'énergie : la photosynthèse. Je peux poursuivre la comparaison. La respiration humaine en effet s'effectue au niveau des poumons contenus dans le thorax. La photosynthèse se déroule elle dans les feuilles, appendices mis en place par les branches, ramifications du tronc. Ce dernier terme est là encore strictement le même que celui auquel l'Homme fait appel pour désigner son thorax. La similitude imagée Homme-arbre trouve ici une confirmation supplémentaire. Enfin, pour ce qui est de la lumière, l'Homme ne peut, bien évidemment, s'en dispenser. Il est établi de manière incontestable que l'été les troubles psychiques sont moins nombreux que l'hiver. A la mauvaise saison, la luminothérapie qui correspond à des traitements avec apports lumineux, améliore fréquemment l'état des malades alors touchés. Mais la lumière et en fait la chaleur qu'elle véhicule et dont l'Homme ne peut pas faire l'économie, sont surtout celles apportées par ses semblables. Les êtres humains trouvent leur équilibre au sein de leur famille qui les accompagne dans les difficultés rencontrées. Ces épreuves pénibles qu'il traverse permettent à l'Homme de dresser un bilan de la sincérité et de la fidélité de son entourage : ce dernier se réduit toujours en nombre mais gagne grandement en qualité ! Pour sa part la photosynthèse des végétaux et donc des arbres en l'occurrence, requiert uniquement du gaz carbonique et surtout de l'énergie lumineuse. Celle-ci, captée par la chlorophylle, est aussitôt transformée en énergie chimique utilisée dans les réactions de biosynthèse des composés indispensables à la croissance et au développement.

Tous ces faits convergent bien vers le rapprochement allégorique que l'on peut établir entre l'arbre et l'Homme. Mais allons encore un peu plus loin. On peut par exemple considérer que l'arbre se présente comme un trait d'union entre trois mondes. En premier lieu dans la terre où il prend naissance lors de la germination de sa semence, il différencie ses racines avec lesquelles il assure son minimum vital. Puis dans l'air son tronc plus ou moins ramifié et porteur de feuilles, assimile la lumière. Enfin, avec ses bourgeons terminaux, il semble essayer d'atteindre un monde supra-naturel que certains croyants appellent « le ciel ». Là encore il en va de même pour l'Homme. En effet ce dernier naît de la terre. La Bible l'entend bien ainsi lorsque, à son sujet elle affirme : « Tu retournes au sol, puisque tu en fus tiré. Car tu es glaise… » ou bien : « l'Eternel Dieu forma l'homme de la poussière de la terre ». Les scientifiques plus circonspects reconnaissent que l'apparition de la vie demeure énigmatique mais qu'en tout état de cause elle est postérieure à celle de la terre. Sur celle-ci des rencontres aléatoires de molécules simples, en particulier azotées, auraient conduit à la constitution d'édifices plus complexes, notamment des protéines, bases de fonctionnement de tous les organismes vivants. Puis à partir d'êtres biologiques élémentaires, des bactéries probablement, une évolution lente et compliquée aurait abouti à la différenciation des végétaux et des animaux et donc à l'Homme. Mais quelle que soit la complexité du chemin emprunté pour y parvenir, l'origine de cette longue succession se situe au niveau de la terre qui a procuré le matériel initial. En outre, nombreux sont ceux qui considèrent que le nom « Homme » provient du terme latin *« humus »* qui signifie la terre. Né de cette terre, l'Homme grandit dans l'atmosphère qui l'entoure où il trouve l'oxygène dont sa vie est absolument tributaire. Enfin, au travers des diverses religions, il se sent attiré par un être divin hébergé au-dessus de lui, dans un monde inconnu dénommé « ciel » qu'il rejoindra éventuellement après sa mort. Par conséquent l'arbre et l'Homme symbolisent une sorte de pont existant entre la terre et le ciel, un chemin ascensionnel en quelque sorte du monde visible vers un autre qui ne l'est pas, représenté dans la Bible par l'échelle de Jacob. Cette liaison mystérieuse entre la matière et l'esprit apparaît ainsi comme un pilier essentiel du monde.

Ayant des exigences de vie tout à fait comparables et se développant dans des mondes fort analogues, l'arbre et l'Homme se rapprochent également l'un de l'autre par leur rapport à l'amour. De fait, l'arbre qui « insinue sa vivace substance en mille filaments, et qui puise le suc de la terre dormante » fait penser à l'amour comme le prétend le berger Tityre dans le « Dialogue de l'Arbre » de Paul Valéry. L'arbre et l'amour tiennent tous deux leur origine d'une sorte de semence impalpable, un « germe imperceptible » dit Tityre. Puis ils croissent modestement au début avant de prendre de l'ampleur et de s'organiser. En grandissant l'arbre s'élève en hauteur : il se dirige vers le ciel. L'amour lui, en s'épanouissant, s'achemine vers un ciel particulier : le bonheur ! Dans le même temps les racines s'enfoncent dans la terre opaque et mystérieuse tandis que l'amour s'introduit de façon sibylline dans les organismes humains où il s'installe en des lieux secrets. En outre, l'amour se singularise par son caractère irrationnel : ne répondant pas aux canons de la logique, il se développe entre deux êtres sans véritable raison apparente. De manière semblable, les rapports entre les arbres en vue de leur reproduction sont si inattendus parfois qu'ils ne semblent résulter d'aucune logique. Par ailleurs, lorsqu'un amour n'est pas partagé, la mort de l'être éconduit apparaît éventuellement comme la seule issue d'un trouble psychique inextricable. Le théâtre classique déborde de situations de ce type. Parallèlement l'arbre qui commence à ressentir des difficultés dans sa vie quotidienne, celui qui ne peut plus envisager de vivre comme il le souhaite, celui à qui par exemple l'Homme a goudronné le collet pour faire une aire de stationnement, n'a plus qu'une porte honorable de sortie : l'âtre d'une cheminée. En brûlant il éclairera et réchauffera une dernière fois ceux qui l'ont récupéré. C'est là peut-être une fin plus digne que celle qui consiste à dépérir lentement sans possibilité d'intervention personnelle.

* *
*

Si l'Homme constitue l'élément central du cosmos, la vie qui lui est fondamentalement associée apparaît elle aussi comme un pilier essentiel de cet univers. A son sujet la métaphore de l'arbre a pu, une fois encore, être développée.

La vie fait probablement référence en premier lieu à la sexualité. A ce titre le tronc d'un arbre dressé vers le haut pénétrant dans le feuillage symbolise un phallus s'introduisant dans un sexe femelle. Par extension il évoque de ce fait l'image du père. Est-ce là la justification des noms masculins donnés, en français, aux différentes espèces d'arbres ? A côté de cela l'arbre couvert de fruits représente la mère. Ainsi l'arbre est-il devenu un emblème de la reproduction et plus précisément de la fécondité.

Dans ce cadre dois-je rappeler sa plantation devant les étables pour y « favoriser » les naissances ou bien encore la signification du rameau de gui du Nouvel An en termes de prospérité familiale ? Comment également ne pas associer à ces assimilations les tatouages qui ornent les corps des femmes de diverses tribus ? Ils représentent un arbre dont les racines se situent au niveau de leur sexe et dont les frondaisons s'étalent à hauteur de leurs seins.

Qui dit activité sexuée dit plus ou moins implicitement longévité, sinon de l'individu se reproduisant, tout au moins de la lignée résultant de l'ensemble des générations successives. J'ai déjà eu l'occasion de débattre de ce problème : il est à l'origine de mes interrogations : suis-je pérenne ou non ? En cas de réponse négative, combien de temps me reste-t-il à occuper ce carré de terre qui m'a accueilli depuis deux siècles en gros ? Pourtant la question ne devrait pas se poser puisque, certes, nos organes connaissent la sénescence mais l'organisme qui les porte semble y échapper. A la limite nous devons nous considérer comme immortels. La mythologie grecque a parfaitement intégré cette donnée en faisant du laurier-sauce le symbole d'Apollon et de l'immortalité. Dans son poème épique « les Métamorphoses » Ovide rapporte les aventures d'Apollon cherchant à conquérir la nymphe Daphné qui elle, refusant ces avances, parvient constamment à s'échapper. Mais quand la tentative de cette dernière échoue, son père Pénée, un dieu, la transforme en laurier. Qu'importe ! Sans renier son amour pour Daphné, Apollon vénère l'arbre et lui dédie chants et poèmes pour toujours. Ainsi Apollon et le laurier-sauce deviennent-ils des icônes sur lesquelles la mort n'a pas de prise. Cette propriété du laurier s'est par la suite généralisée à quantités d'autres espèces ligneuses à tel point que les arbres d'une manière générale symbolisent la longévité.

Il n'est guère concevable d'aborder les similitudes sexuées des arbres et des hommes sans faire référence à la généalogie. Le vocabulaire tout d'abord de la filiation familiale d'une part et de la structure de l'arbre d'autre part est plus que souvent commun. Nc fait-on pas allusion aux racines, branches et autres souches parentales ? Quant à l'ensemble constitué par les ascendants et leurs descendants, ne lui donne-t-on pas tout simplement le nom d'arbre ? Au-delà des mots utilisés les ressemblances d'aspect sont frappantes. Sur le schéma d'une parentèle les ramifications qui se multiplient à mesure qu'on remonte la liste des ancêtres, s'apparentent à celles de la couronne d'un arbre. Malgré tout, les biologistes s'en tiennent là pour ce qui concerne ces rapprochements. Pour eux tout d'abord l'orientation de la filiation et celle du développement végétal sont opposées. Dans l'analyse généalogique, deux personnes s'associent pour donner naissance à un nouvel individu : on passe ainsi de deux branches à une seule. Chez une plante et un arbre en l'occurrence, un rameau en produit deux voire plusieurs. Les modèles de construction sont bien contraires. Mais en regardant d'un peu plus près, une autre différence, génétique celle-ci, peut être décelée. L'union de deux êtres aboutit à générer des hybrides des deux parents. La nouvelle branche ainsi constituée n'est pas identique à celles qui lui ont donné naissance. En revanche, les nouveaux rameaux d'un végétal ne résultent pas d'une multiplication sexuée : ils sont donc génétiquement conformes à leur géniteur. Il s'agit là de considérations de puristes qui ne remettent guère en question les parallèles établis entre les lignées humaines et la morphologie des arbres. A ce titre l'arbre apparaît donc bien comme une métaphore de la vie tout comme il en est une de l'Homme et, comme je vais tenter de le montrer maintenant, une également de l'harmonie existant sur la terre.

* *
*

Si les arbres participent au façonnage des accords entre les divers éléments du monde vivant c'est peut-être en priorité parce qu'ils atteignent presque une forme de perfection. De fait, pour assurer leur fonctionnement, ils ont dû totalement résoudre le conflit entre la lumière et l'obscurité. Leurs feuilles capturant le rayonnement solaire sont associées aux racines plongeant dans les ténèbres du sous-sol. Certains y voient même là une victoire du bien sur le mal. Une telle appréciation est cependant discutable. De plus, avec leur tronc vertical et leurs rameaux plus ou moins horizontaux ils concilient l'équilibre entre ces deux axes souvent respectivement représentatifs de la spiritualité et de la matérialité. Est-ce alors pour cette raison de proximité avec la perfection que l'Homme plante un arbre à la naissance d'un enfant ? Cette démarche n'a-t-elle pas pour but implicite de rapprocher autant que faire se peut le nouvel être avec un modèle qui grandira en même temps que lui ? Dans cette série d'images de la suprême grandeur de l'arbre, l'étoile fixée au sommet du sapin de Noël n'incite-t-elle à la recherche de la perfection en indiquant une voie invisible vers une divine créature ? Toutes ces considérations alimentent l'idée selon laquelle à l'instar de l'arbre dressé, l'Homme serait un lien entre un domaine matériel horizontal la terre, et un autre spirituel vertical, le ciel. Mais tandis que dans son architecture l'arbre réussit à équilibrer naturellement les poids respectifs de ces deux territoires, l'Homme rencontre de grandes difficultés pour y parvenir. S'il favorise trop l'aspect concret de sa vie, il s'éloigne des cheminements abstraits. Dans le cas contraire, le monde qui l'entoure lui apparaîtra irréel en quelque sorte. A partir de ces réflexions et interprétations, l'arbre se présente comme plus pondéré que l'Homme. Bien entendu, ce point de vue se révèle éminemment critiquable.

Symbole de la perfection, l'arbre se présente aussi comme celui de la paix. Le premier indice de cette affirmation se situe dans la Bible. Lors du déluge, Noé envoie une colombe constater l'état de la situation sur terre. Il interprète le retour du bel oiseau tenant un rameau d'olivier dans son bec comme le retrait des eaux et par conséquent comme un symbole de paix retrouvée. Beaucoup plus tard, fidèle à cette image de la paix véhiculée par l'olivier, l'Etat d'Israël choisit pour emblème deux rameaux de cette espèce disposés de part et d'autre du célèbre chandelier à sept branches. Mais ce dernier évoque quant à lui un arbre, un amandier ou un palmier. Donc la métaphore de la paix sous la forme d'un olivier s'est plus ou moins généralisée aux autres arbres dont le peuplier constitue un exemple. Ainsi à son sujet, René Boylesve, écrivain tourangeau, a-t-il écrit : « Les peupliers expriment la paix qui monte vers le ciel, en ligne droite comme une fumée dans l'air immobile ». D'autres espèces impliquées dans ces parallèles pourraient aider à confirmer la validité de la représentation de la paix au travers d'un arbre.

Enfin, en dehors de la perfection et de la paix qu'évoque l'arbre, une autre valeur lui est également attachée : celle de l'unité du cosmos à laquelle il participe avec un succès incontestable. Dans ce cadre il convient d'avoir présent à l'esprit que la vie humaine se caractérise par une insolente inégalité à tous les niveaux. La naissance est déjà source de disparité en distribuant au hasard le matériel génétique des parents. Puis l'éducation n'estompe pas les écarts innés observés. Tout au long de la vie de multiples incidents ou péripéties ne font qu'accentuer ces différences. Cependant, aussi insupportables qu'elles soient, ces inégalités n'en possèdent pas moins un aspect positif. Très souvent elles sont source de dépassement pour essayer de les gommer quelque peu. Il est bien connu que les enfants de milieux défavorisés ne parviennent à s'élever dans l'échelle sociale qu'au prix d'un exceptionnel courage qui sera en outre toujours valorisé par la suite. L'arbre qui provient de la multiplication végétative comme c'est le cas très fréquemment, méconnaît, quant à lui, ces injustices de distribution qui s'effectuent dans l'œuf. Issus de pépinière, les individus clonés sont tous identiques tant au niveau morphologique que comportemental. En ce qui concerne les autres, c'est-à-dire ceux qui se propagent dans les conditions naturelles, le mélange génétique s'opère bien entendu et des différences se manifestent de façon aléatoire. Elles ont toutefois tendance à s'estomper au cours du temps. Par conséquent, d'une manière globale, l'arbre incarne finalement l'unité. Cependant unité ne signifie pas absence de diversité, bien au contraire ! L'unité du monde des arbres est réalisée au sein de l'immense variabilité de leurs espèces, de leurs formes, de leurs couleurs et autres particularités. En fait, ces différences, cette unité dans la diversité, confèrent à la population arboricole une véritable richesse comparable à ce qui s'observe chez les humains. De telles considérations ont conduit tout naturellement à assimiler à l'arbre les peuples en raison de leurs profondes différences de culture, de comportements et de manières de vivre mais aussi de leur appartenance à un ensemble indivisible, celui des Hommes.

Symbole de l'Homme, de la vie et de l'harmonie du cosmos, l'arbre se glisse aussi dans les habits d'une métaphore du savoir.

La métaphore du savoir

Très tôt la faculté de se représenter certaines valeurs prend l'allure d'un arbre, fictif bien entendu. Puis rapidement la découverte et l'organisation des connaissances s'effectuent selon des schémas qui rappellent singulièrement l'architecture des arbres. Ces modèles progressivement façonnés au cours des siècles aboutissent à la mise au point des ordinateurs fonctionnant sur le principe élémentaire des arborescences.

* *
*

L'arbre de la connaissance du bien et du mal auquel il est fait allusion dans la Bible et plus précisément dans le livre de la genèse, partage les exégètes. L'origine de ce désaccord réside dans l'inexistence de cet arbre qui n'est rien d'autre qu'un symbole. Pour cette raison il a été assimilé à différentes essences telles que le figuier, le citronnier, la vigne, le palmier-dattier ou encore le pommier. Cet arbre, virtuel donc, représente en fait la conscience morale de l'Homme, c'est-à-dire l'appréciation de la valeur de ses propres actes et par là même son aptitude à distinguer le bien du mal. En vivant auprès de cet arbre, Adam acquiert une conscience. Cet enrichissement spirituel le transforme en Homme, ce qu'il n'était pas véritablement jusqu'alors. Les animaux qu'il côtoie dans le fameux Jardin d'Eden ne bénéficient pas d'un tel avantage et demeurent dans leur état. Mais ce n'est qu'après avoir goûté au fruit de cet arbre et ce malgré l'interdiction de Dieu, qu'Adam devient capable de différencier le bien du mal. Or le non-respect de cette injonction valait peine de mort comme en avait été informé l'intéressé. En effet dans la Genèse il est dit : « Tu pourras manger de tout arbre du jardin, mais tu ne mangeras pas l'arbre de la connaissance de ce qui est bon ou mauvais car, du jour où tu en mangeras, tu devras mourir ». Par conséquent Adam devient Homme et meurt. Cette situation génère d'inévitables questions à propos de la détermination divine. L'Homme ne peut-il avoir la notion du bien et du mal qu'à la fin de sa vie ? Sa conscience ne lui est-elle conférée qu'à la suite d'une désobéissance ? Quoi qu'il en soit, tout laisse à penser que dès qu'il possède une connaissance suffisante, l'Homme dispose de la faculté de discriminer le bon du mauvais, le juste de l'injuste. Parallèlement, il conquiert la maîtrise de ses actes dont il devient ainsi responsable.

Pourquoi, à propos de ces distinctions, faire référence à un arbre ? Selon diverses interprétations, le choix qui se présente entre le bien et le mal apparaît comme une fourche semblable à celle d'une branche d'un arbre. Le développement moral de l'Homme correspondrait alors aux chemins empruntés au niveau des différents embranchements, bons ou mauvais, qui sont proposés. A chacune de ces étapes l'Homme en construction doit favoriser sa personne au détriment des autres, ce qui est considéré comme le mal, ou bien adopter l'attitude inverse jugée elle comme une expression du bien. Cependant la réalité n'est peut-être pas aussi simple : opposer le bien et le mal ne correspond pas toujours aux situations qui se présentent. Procréer, élever le fruit de cet acte n'est nullement critiquable et appartient plutôt au domaine du bien. Mais pour la mère qui donne la vie, l'épreuve se double souvent d'une souffrance terrible fréquente tout au moins dans le passé et heureusement beaucoup plus rare aujourd'hui. Se nourrir c'est satisfaire un besoin élémentaire de la vie, lequel évolue rapidement en véritable plaisir. Mais dans nos sociétés, les dépenses alimentaires sont en général réglées par les revenus du travail. Le caractère trop fréquemment pénible de ce dernier constitue la face opposée de l'agréable miroir de la nourriture terrestre. Beaucoup d'autres exemples vont dans le même sens et concourent à montrer que finalement un tout n'est pas entièrement bon ou mauvais mais participe des deux à la fois. Ne dit-on pas « c'est un bien pour un mal » ? Dans ces conditions la représentation de la prise de conscience du bien et du mal se justifie-t-elle au niveau d'un arbre ? Rappelons à cet égard que le tronc d'un arbre avec ses ramifications et ses feuilles s'épanouit à la lumière, tandis que ses racines se développent dans le sol à l'obscurité. Cet organisme illustre parfaitement la dualité telle qu'elle vient d'être décrite à propos de l'imbrication du bien et du mal dans toute chose.

Difficile à interpréter et générant donc de multiples hypothèses, la signification symbolique de cet arbre de la connaissance du bien et du mal est considérée par d'assez nombreux spécialistes comme la marque d'un pouvoir absolu. En effet, le terme « connaissance » signifie pour eux, non pas seulement l'acquis par l'étude ou la pratique, mais l'ensemble des liens intimes et puissants avec les semblables qui en résultent. Lorsque l'on dit « connaître une femme » n'est-ce pas suggérer l'existence de relations intimes ? Dans cette conception, l'arbre représenterait un désir profond de connaissances dans tous les domaines pour s'assimiler à un dieu détenteur, par définition, de tous les pouvoirs. S'arroger un pouvoir divin absolu pour sortir de sa condition, n'est-ce pas là une tentation à laquelle l'Homme résiste avec difficultés ?

En dehors de ce savoir particulier figuré par un arbre fictif, au cours du temps, la connaissance a progressivement pris elle aussi d'une manière globale l'aspect d'un arbre.

* *
*

L'accessibilité et l'agencement des acquisitions pratiques et intellectuelles se sont affinés tout au long de l'Histoire.

On doit probablement au philosophe grec du IIIème siècle Porphyre de Tyr, appelé plus usuellement Porphyre, le premier modèle arborescent ou « arbre de Porphyre » permettant de classer une entité dans un système hiérarchisé. Reprenant d'anciens concepts développés antérieurement par Aristote, Porphyre distingue cinq prédicables ou niveaux d'existence pour les choses. Ceux-ci constituent les sous-parties successives d'un ensemble à la manière des poupées russes. Le passage de l'une d'elles à la suivante résulte d'une alternative ou différence. Ainsi un sujet quel qu'il soit est formé d'une substance qui peut être matérielle ou non. Dans le premier cas il possédera alors un corps qui peut être animé ou non et par conséquent il sera vivant ou non. L'organisme vivant pourra être doué de sensibilité ou non, ce qui différencie les animaux des végétaux. A ce titre les animaux appartiennent donc à l'ensemble des substances, puis à sa sous-division regroupant celles qui possèdent un corps. Dans cette dernière collection, ils sont réunis avec tous ceux qui sont animés puis avec seulement les sensibles. Ces divers regroupements de taille de plus en plus réduite en raison de leurs propriétés de plus en plus précises, se superposent à la manière des pousses successives du tronc d'un arbre. Les différences avec les dichotomies qu'elles entraînent ressemblent aux ramifications de ce tronc c'est-à-dire aux branches de l'arbre. Ces similitudes ont donc très tôt abouti à rapprocher ce système de classement à un arbre.

Ensuite, au Moyen-Age, le théologien franciscain catalan Raymond Lulle rédige « l'arbre des sciences », une de ses plus importantes œuvres dans laquelle l'arbre en question schématise de manière unitaire et hiérarchisée les principes organisateurs de sa pensée à propos des savoirs profane et religieux. Les racines au nombre de dix-huit se divisent en deux lots de neuf. Le premier d'entre eux, relatif aux principes divins qualifiés « d'absolus » concerne la structuration du réel en distinguant la bonté, la grandeur, l'éternité, la puissance, la sagesse, la volonté, la vertu, la vérité et la gloire. Le second porte sur les principes logiques appelés « relatifs » et ont trait à l'organisation de la connaissance en séparant la différence, la concordance, la contrariété, le commencement, le milieu, la fin, la supériorité, l'égalité et l'infériorité. Les branches de l'arbre représentent les grands domaines de la connaissance et les bourgeons qu'elles portent suggèrent un savoir futur. Par conséquent *via* la présence de bourgeons, cette façon de montrer l'acquis, se singularise en particulier par son évocation d'une possibilité d'extension ultérieure.

Par la suite, l'image de l'arbre reflétant les liaisons entre les différents secteurs du savoir n'a cessé de se préciser. Francis Bacon, le scientifique et philosophe anglais du XVIème siècle et non le peintre du XXème, établit sous forme d'une série d'aiguillages la cartographie du savoir humain. Ce dernier y apparaît réparti en trois grandes disciplines : l'histoire, la poésie et la philosophie. Chacune d'elles se subdivise ensuite en différents domaines. Ce véritable « arbre des connaissances » sera repris plus tard dans la célèbre encyclopédie de Denis Diderot et de Jean Le Rond d'Alembert, en provoquant la colère des jésuites dans la mesure où l'Homme remplace désormais Dieu au centre de l'univers. Ultérieurement la métaphore relative à la recherche et à l'organisation du savoir perpétue son existence mais en abandonnant les terrains philosophique et encyclopédique d'origine.

Toutes ces représentations, tant de la somme des connaissances que de leurs modes de recherche, ont peu à peu abandonné le support papier au profit de l'informatique, marque des temps actuels.

* *
*

Pour faire simple, un arbre peut être considéré comme un organisme biologique dont la partie essentielle, visible, le tronc, se ramifie pour constituer des axes reliés et dépendants de leur partie génératrice sous-jacente. Schématiquement, c'est donc un système de structuration hiérarchisé : un rameau parent met en place plusieurs rameaux fils intimement subordonnés à celui-ci. Les mathématiques tout d'abord et l'informatique ensuite qui en est une des applications, ont largement copié ce modèle d'organisation pour élaborer leur structure arborescente. En effet une arborescence correspond à un ensemble assimilé à un arbre comportant de nombreux centres, équivalant aux nœuds des branches, desquels sont issus des chemins, analogues des rameaux, aboutissant à des sommets rappelant les bourgeons terminaux. De manière pratique, en se référant à ce mode d'ordonnancement respectant les filiations, les données enregistrées dans un ordinateur ont pu être rangées de façon logique et hiérarchisée.

Un ordinateur n'est en fait rien d'autre qu'une sorte de forêt constituée de nombreux arbres. Ces derniers correspondent à des lieux de stockage tels qu'un disque dur ou une disquette regroupant les informations. Celles-ci sont rassemblées de manière rationnelle dans des sortes de boîtes à archives auxquelles on donne le nom de dossiers, homologues des branches des arbres. Ces boîtes contiennent des chemises de rangement, assimilables aux ramifications des branches. Quant aux chemises, elles renferment des documents ou fichiers matérialisant les feuilles des arbres. Lorsque l'arborescence est bien conçue et que les fichiers sont convenablement rangés, la recherche d'un document est très simple. Imaginons par exemple, sans nombrilisme de ma part, qu'une personne souhaite photographier un platane âgé n'ayant jamais été taillé. A l'aide d'un moteur de recherche installé sur un ordinateur, elle trouvera d'abord un dossier dénommé éventuellement « arbres séculaires français » ou répertorié sous une appellation voisine. Dans celui-ci, elle ouvrira le fichier « platane » dans lequel un document répondant à « platane de Buffon » lui précisera ma localisation. A partir de ce cas de figure simple, voire simpliste, on constate combien le rangement et l'utilisation ultérieure des informations *via* une arborescence sont aisés.

La quête de renseignements par la voie numérique a agrandi son domaine pour aboutir au système hypertexte conçu, lui aussi, selon l'image de l'arbre. Il s'agit là d'un ensemble d'informations ou nœuds reliés les uns aux autres par des communications permettant de naviguer de manière directe entre ces points. Le terme de « nœud » utilisé à cet égard est déjà en soi une allusion à la morphologie de l'arbre. Le principe de ce procédé n'est pas très récent. Il remonte vraisemblablement aux alentours de 1945 avec les travaux de Vannevar Bush relatifs à une compilation de microfilms dans laquelle l'intéressé voulait retrouver automatiquement les éléments grâce à un index. Puis vingt ans plus tard le terme hypertexte apparaît pour désigner un réseau de données informatiques liées entre elles. On n'envisage donc plus dans cet esprit des séries juxtaposées d'informations, linéaires disent les spécialistes, mais un regroupement de renseignements interconnectés et cependant individuellement consultables sans difficultés. On retrouve ici l'image de l'arbre avec toutes ses ramifications et dont on peut, à souhait, isoler telle ou telle feuille pourtant connectée au reste de la branche porteuse. Un système hypertexte bien connu est représenté par le célèbre « Word Wide Web » plus communément appelé Web. Il correspond à une toile tissée par les liens unissant entre eux des nœuds. Ce Web est parfois, à tort, confondu avec internet, réseau informatique mondial. A l'instar du téléphone qui permet d'échanger oralement avec des personnes, internet est un système de communications électroniques. Il assure différents types de services tels que le courrier électronique ou E-mail et le Web qui n'est donc qu'une application d'internet.

Comme je viens de m'efforcer de le montrer, le savoir à l'image du cosmos dont il a été question précédemment, est assez souvent comparé à un arbre. Il en va de même pour ce qui concerne la politique.

La métaphore politique

Au fil des temps l'arbre a représenté divers systèmes politiques. En gros de Clovis à la chute de la royauté il symbolise la monarchie. Cependant, au cours de cette longue période, il apparaît également, ici ou là, comme l'emblème du nationalisme. Puis, plus récemment il incarne dans les esprits une ambivalence puisqu'il est considéré par certains comme l'image de la droite et par d'autres comme celle de la gauche.

* *
*

Pour l'observateur, un arbre est avant tout un tronc, c'est-à-dire un axe vertical qui élève sa cime vers le haut et plonge ses racines dans l'obscurité de la terre. De tels clichés ponctuels relatifs à son organisation peuvent être mis en parallèle avec les grandes lignes des caractères fondamentaux de la monarchie. En premier lieu la rectitude du fût correspond au pouvoir absolu du roi qui s'applique sans détours. Ensuite, cet organisme qui monte presque inexorablement vers le ciel rappelle le souverain de droit divin. Par ailleurs dans le sol ses racines puisent les éléments indispensables à son développement tout comme les attaches terriennes des aristocrates le permettent. En outre les feuilles tombent régulièrement à mesure que le temps s'écoule pour être remplacées par de nouvelles. Les rois se succèdent chronologiquement de la même manière. A ce sujet le rapprochement peut s'effectuer de façon beaucoup plus étroite : une feuille naît toujours d'un bourgeon qui lui-même a été mis en place à la base d'une feuille lorsque celle-ci a été produite. Par conséquent il existe une sorte d'auto entretien du système foliaire. La monarchie qui engendre sa descendance fonctionne selon un schéma comparable. Enfin l'arbre abrite une circulation de sèves des racines aux feuilles et des feuilles aux racines, analogue au sang qui s'écoule dans les veines des représentants des générations successives.

L'assimilation de la monarchie à un arbre prend toute sa signification à propos des arbres généalogiques. Leur mission principale n'est pas de présenter les liens familiaux existants mais en fait de légitimer le pouvoir en place ou à venir. Ces documents montrent les filiations des dynasties régnantes à partir de leurs racines, c'est-à-dire du père originaire, Adam à la limite. Pour ce faire, ces schémas sont parfois sournoisement expurgés pour justifier certaines situations pour le moins contestables. Ainsi des ramifications gênantes ou des successions inavouables sont-elles supprimées comme sont élaguées les branches encombrantes d'un arbre. En dehors de ces considérations au travers desquelles certains décèleront un soupçon de malveillance, il convient de reconnaître un autre point commun entre arbre et monarchie. Un arbre dont les fleurs femelles sont fécondées par un pollen provenant d'un autre pied donne naissance à un hybride. Dans un arbre généalogique l'incorporation d'une nouvelle branche s'effectue selon un schéma similaire.

Le roi de droit divin possède deux pouvoirs : un temporel concernant la gestion des biens matériels et un autre spirituel de nature religieuse. Au Moyen-Age notamment, à la suite d'innombrables palabres entre l'Etat et l'Eglise, la distinction entre les deux est établie. Ainsi sont définies les limites respectives des domaines politique et religieux. L'Eglise précise alors que sa communauté ne se limite pas aux croyants actuels mais regroupe tous ceux passés, actuels, futurs, réels ou potentiels répertoriés depuis Adam jusqu'à la fin des temps. La faculté d'incorporation dans les arbres généalogiques permet cet accueil. Parallèlement le domaine public sur lequel règne le roi ne cesse pas avec la mort de ce dernier : il se perpétue avec son successeur. Là encore l'arbre généalogique permet de rendre compte de la situation. « L'arbre de la royauté », selon l'expression de Robert Dumas auteur du « Traité de l'arbre – essai d'une philosophie occidentale », franchit donc sans embûche les frontières du temps.

Par conséquent par son aptitude à représenter la filiation, l'arbre a parfaitement servi de symbole au pouvoir politique royal. Il en va un peu de même en ce qui concerne le nationalisme.

* *
*

Les peintres romantiques norvégiens ont assez souvent installé des bouleaux dans leurs œuvres pour manifester leur nationalisme. Comment en sont-ils arrivés à cette modalité d'expression ? Pour le comprendre il faut se souvenir que l'indépendance de la Norvège est relativement récente. Ce pays a en effet longtemps appartenu au Danemark d'abord et à la Suède ensuite. D'ailleurs au XIXème siècle, Norvège, Danemark et Suède possèdent des langues et des cultures si proches que pour beaucoup de leurs étrangers, ces nations n'en constituent en fait qu'une seule : la Scandinavie. Les nationalistes norvégiens de l'époque, profondément opposés à cette conception ont vigoureusement fait connaître leur désaccord dans un contexte plutôt défavorable. La Norvège est alors un pays pauvre à tous points de vue. Sa faible population composée principalement de paysans et de pêcheurs est fortement démunie. Son histoire ne comporte quasiment aucun fait fédérateur. Son unique monument, une cathédrale gothique, a été rendu inutilisable par la Réforme. Son économie manquant de solidité ne l'autorise pas à envisager une autonomie raisonnable. Bref, rien ne lui permet alors d'espérer objectivement une quelconque autodétermination. Cependant ces données incontestablement contraires à la création d'une nation indépendante vont, de façon un peu étonnante, être compensées par la richesse en paysages exceptionnels et imposants. A cette époque, avec ténacité et obstination, les nationalistes font référence à la nature dont le culte va devenir le catalyseur de l'unification du peuple. Les poètes lyriques nationalistes dédient leurs textes aux montagnes majestueuses et aux espaces illimités. Les peintres s'appliquent à mettre en évidence le caractère apparemment fragile mais en fait solide et surtout indocile de la nature. Dans ce cadre, Johan Christian Dahl réalise son célèbre tableau « Bouleau dans la tempête » qui montre cet arbre implanté sur une pente où il est soumis à une violente bourrasque. Le bouleau, un peu chétif, représente le peuple norvégien déshérité tandis que le coup de vent fait penser aux attaques successives subies mais sans effet puisque l'arbre reste en place. C'est ainsi que ce bouleau adopté par les nationalistes comme symbole de leur particularisme est venu s'implanter dans les œuvres des artistes de ce courant politique.

Plus connu que le bouleau norvégien, le chêne de Guernica immortalise le nationalisme basque. Sa longue et tumultueuse histoire mérite d'être rappelée. Guernica est une ville sainte de la Biscaye, province du pays basque espagnol. Au XIVème siècle semble-t-il, un chêne, appelé « arbre père » est planté dans l'édifice du parlement de cette cité, là où les seigneurs de Biscaye prêtent serment lors de leur installation. En 1742, ne présentant plus qu'un tronc mort, il est remplacé au même endroit par un jeune pied dénommé « vieil arbre » mais est conservé en l'état sous un porche des jardins attenants. Ce « vieil arbre » demeure en place jusqu'en 1860, date à laquelle son successeur ou « arbre fils » y est installé. En avril 1937 ce dernier échappe miraculeusement aux bombardements de la légion Condor, flotte aérienne allcmande intervenant aux côtés des troupes du général Franco pour éliminer sans vergogne le front républicain au pouvoir. Ce tragique épisode de la guerre civile espagnole a abouti à la destruction complète de Guernica, ce qui a inspiré une toile réputée à Pablo Picasso. Survivant à l'intense pilonnage, le chêne fils évite aussi l'abattage par les groupes franquistes qui, le considérant comme un symbole nationaliste, veulent le couper à la hache juste après le bombardement. Informés de cette menace, des Navarrais en grand nombre constituent une unité qui accourt sur les lieux, entoure l'arbre et empêche ainsi sa destruction. Mais ces confrontations avec la mort toute proche ne sont pas éternellement couronnées de succès. La sécheresse de 2003 lui est fatale cette fois. Il est à son tour remplacé par un de ses rejets qui bénéficie désormais d'une surveillance et d'une assistance de tous les instants, un peu comme moi ici au Jardin des Plantes. Mieux, et je le regrette profondément pour ce qui me concerne, plusieurs de ses rejets sont plantés dans toute la province et même ici ou là dans le monde, en Argentine par exemple. Ce chêne est donc assuré d'avoir une descendance conforme. Mais il est vrai qu'entre nous autres platanes et nos amis les chênes, des différences physiologiques importantes expliquent des issues non identiques. Quoi qu'il en soit, ce chêne représente le peuple basque. A ce titre il figure sur le blason de la Biscaye. De plus, les présidents de la Communauté autonome du Pays basque prêtent toujours serment sous le chêne de Guernica où une plaque reproduit le texte de cet engagement quasiment inchangé depuis la guerre civile : « Debout sur la terre basque, sous l'arbre de Guernica devant vous représentants de la citoyenneté basque, en souvenir des ancêtres, je promets en respectant la loi d'accomplir fidèlement ma charge.

Symbole de la monarchie, emblème du nationalisme, l'arbre incarne également sur le plan politique soit la gauche, soit la droite selon les interprétations des intéressés.

* *
*

L'idée que l'arbre puisse personnifier la gauche apparaît dès après la révolution de 1789 avec la plantation des arbres de la liberté dont l'abbé Grégoire évêque de Blois et député de la Convention est à l'origine. Pour ce jésuite le symbole religieux de l'arbre aboutit tout naturellement à une image politique. Déjà dans l'Ancien Testament, l'arbre apparaît comme un élément du paradis. Puis par la suite il évoque toute l'Eglise, communauté des baptisés rassemblés comme le sont les branches de l'arbre sur le tronc assimilé, lui, au Christ. Progressivement, pour des chrétiens, l'arbre se présente « comme la promesse féconde d'un salut » selon les paroles de Robert Dumas. Après la révolution donc, l'arbre personnifie le mouvement insurrectionnel à nouveau par l'entremise d'un prêtre, Norbert Pressac curé de Saint-Gaudent dans la Vienne. Celui-ci fait arracher dans une forêt voisine un jeune chêne pour le repiquer sur la place du village. Ainsi est planté le premier arbre de la liberté. Le père Pressac profite alors de la cérémonie pour s'exprimer publiquement à propos des bienfaits du mouvement populaire qu'il soutient sans réserve. Les arbres de la liberté d'abord puis tous les autres ensuite, deviennent les emblèmes de la liberté retrouvée. Appartenant à l'origine à l'iconographie religieuse, ils prennent désormais place également dans la symbolique révolutionnaire par la volonté et la détermination d'hommes d'église. Il revient en premier lieu à l'abbé Grégoire d'avoir donc transformé la marque de la royauté en un insigne révolutionnaire de l'accès du peuple à la liberté. Victor Hugo partage pleinement cette nouvelle métaphore de l'arbre lorsqu'il écrit dans son poème « Aux proscrits en plantant le chêne des Etats-Unis d'Europe dans le jardin de Hauteville House le 14 juillet 1870 » :

« Cet arbre, en qui, pieux, penchés, vidant nos âmes,
Nous mettons tout l'homme futur
(…)
Semons, semons le gland, et qu'il soit chêne immense !
Semons le droit, qu'il soit bonheur, gloire et clarté !
Semons l'homme et qu'il soit peuple ! Semons la France
Et qu'elle soit Humanité ! »

Cet arbre qui représente le peuple, la réconciliation, la liberté, la fraternité et le progrès synthétise toutes les valeurs de la gauche. A côté de cela, par certains aspects, l'arbre fait plutôt penser aux principes moraux de la droite.

A cet égard, un important passage du roman de Maurice Barrès « les Déracinés » auquel j'ai déjà fait allusion, ne peut pas me laisser indifférent : la rencontre de Maurice Roemerspacher, l'un des sept anciens élèves de Paul Bouteiller, avec le philosophe Hyppolite Taine. Ce vieil intellectuel invite le jeune homme à une promenade autour des Invalides pendant laquelle il s'arrête au niveau d'un platane, un membre de ma famille par conséquent. Il y déclare : « Combien je l'aime. (…) Cet arbre est l'image expressive d'une belle existence. (…) Nulle prévalence de son tronc, de ses branches, de ses feuilles ; il est une fédération bruissante. (…) Regardez-le bien. Il a eu ses empêchements, lui aussi ; voyez comme il était gêné par les ombres des bâtiments : il a fui vers la droite, s'est orienté vers la liberté. (…) Sans se renier, sans s'abandonner, il a tiré des conditions fournies par la réalité le meilleur parti, le plus utile ». En fait pour Taine, les feuilles représentent des individus, l'arbre correspond à la nation et la « fédération bruissante » fait implicitement référence à une conception communautaire ethnique fort éloignée de celle de la république. Ainsi une véritable métaphore politique de l'arbre est-elle proposée par l'écrivain *via* l'un de mes cousins. Puis, poursuivant l'image, Barrès fait le procès des institutions scolaire et universitaire. En dispensant un enseignement de type jacobin, centralisé, façonné selon les principes kantiens, l'éducation républicaine uniformiserait, ignorerait les réalités régionales. De ce fait elle détruirait la nature même des individus. Or cette dernière résulte de l'apport des racines, lorraines en l'occurrence, dans le roman.

Dans notre grande famille Arbres bien d'autres espèces que celle des platanes donnent lieu à des comparaisons avec la politique. Le peuplier tout d'abord est retenu par Charles Maurras qui, soutenant les conceptions de Barrès sur les effets néfastes de la coupure racinaire, se pose la question : « A quel moment un peuplier, si haut qu'il s'élève, peut être contraint au déracinement ? ». André Gide lui répond dans son ouvrage « Prétextes » où il envisage que ledit peuplier a, sans le moindre doute, subi plusieurs repiquages par le passé, lesquels de toute évidence n'ont pas nui à son développement. Se sentant attaqué, Maurras réplique dans « La Gazette de France » par un article intitulé « La querelle du peuplier ». Derrière cet affrontement d'hommes de lettres, se cache le problème capital de la définition de la nation. L'une générée par la Révolution française repose sur un regroupement autour d'une histoire, d'un territoire, de principes républicains et de la Déclaration des droits de l'Homme et du Citoyen. Elle est schématisée par « l'arbre de gauche ». L'autre, venant du romantisme allemand, préconise un attachement à une communauté ethnique possédant une unité culturelle et linguistique. Elle correspond à l'image de l'arbre de droite qui puise dans le sol, grâce à ses racines, l'essentiel de sa nourriture. Finalement qu'en est-il exactement ? L'arbre incarne-t-il plutôt la droite ou la gauche ? A ce sujet il convient probablement de se référer au point de vue des physiologistes végétaux. Ils ont montré que l'arbre constitue un tout dans lequel chaque structure assure une fonction vitale pour l'ensemble. Ainsi les racines qui seules assurent l'alimentation en eau et en minéraux absolument indispensable au développement, sont-elles mises en place par l'organisme tout entier. Une telle conception d'un ensemble dépendant totalement de ses éléments constitutifs, ne résulte pas uniquement de l'analyse des biologistes. Dans la « Critique de la faculté de juger » Emmanuel Kant écrit à ce propos : « Les feuilles sont, il est vrai, des produits de l'arbre, mais elles le conservent à leur tour (...) ; la croissance de celui-ci dépend de l'action des feuilles sur le tronc ». Ces observations et commentaires le conduisent à établir un parallèle entre les organisations comparables de l'arbre et de la République. Spécialistes des plantes et philosophes convergent donc pour considérer que l'arbre symbolise préférentiellement la gauche. Jean-Paul Sartre récuse toutefois ce point de vue. Dans « La Nausée » qui apparaît comme un « anti-platane » de Barrès, il oppose au platane un marronnier, son arbre fétiche, présent notamment dans « les Mots », « L'enfance d'un chef », « La mort dans l'âme ». Pour cibler ses attaques, il fixe le regard de son héros Roquentin non seulement sur l'arbre mais plus précisément sur la racine de celui-ci. Cette situation fait d'ailleurs dire à Philippe Zard : « Que Sartre qui écrivait « je n'ai pas de racines », ait précisément choisi la racine d'un marronnier comme lieu d'une révélation existentielle, ne saurait être fortuit ». Au fil de la lecture de « La Nausée », aucun symbolisme n'est attribué à ce marronnier. Il existe en soi, un point c'est tout ! Finalement pour Sartre un arbre n'est pas un emblème politique ; il ne représente ni la gauche ni la droite. Il est arbre ce qui suffit amplement à son existence.

Investissant donc les tableaux en y suggérant notre intimité racinaire cachée ou exhibant nos attributs de défense contre les agresseurs, nous participons à diverses représentations symboliques telles que celles du cosmos, du savoir ou de la politique. Toutes ces données établies au cours des temps vont-elles se pérenniser ou bien sont-elles appelées à disparaître à plus ou moins longue échéance ? Que nous réserve demain ?

Epilogue d'espoir

Demain est un autre jour

Au début des années 80 je me morfonds. La tristesse s'installe en moi. Je pense qu'en conséquence mon feuillage se ternit. Et pourtant j'émarge au grand livre des privilégiés.

Agé de près de deux siècles, je n'ai pas eu le bonheur de donner naissance à un descendant qui soit exactement ma réplique. Mégalomanie diront certains ? En toute humilité, je ne le pense pas. Je paie simplement, si j'ose dire, les conséquences d'un intérêt, tout particulier à mon égard, de la part du monde scientifique. Pour ce dernier je suis apparu comme un être, sinon remarquable, tout au moins intéressant. Planté à la veille de la révolution de 1789, je n'ai subi aucuns sévices de quelque nature que ce soit. En particulier je n'ai jamais rencontré les petites lames des sécateurs ou celles plus longues et plus résistantes des échenilloirs, ni celles, agressives, des tronçonneuses. Je me présente donc sous un aspect tout à fait naturel. Je suis un peu comme l'actrice au lever : sans maquillage, sans fard. C'est la raison essentielle pour laquelle les spécialistes de physiologie végétale ont porté sur moi un regard aussi attentif. Les uns ont voulu comprendre les lois du développement naturel des plantes, de son architecture disent-ils, pour tenter de maîtriser son évolution ultérieure en intervenant dessus. A quel moment et comment tailler telle espèce plantée en ville pour bénéficier d'un ombrage maximum sans pour autant favoriser des attaques de prédateurs ? Voilà une des questions à laquelle des réponses sont recherchées en analysant mes potentialités de croissance. D'autres se sont interrogés sur l'existence d'une limite éventuelle au développement. Est-ce que sans aucune action humaine, un arbre est capable de grandir indéfiniment, ou est-ce qu'à partir d'un certain stade ce processus cesse ? Ce niveau limite annonce-t-il alors une entrée en sénescence ? Est-ce le signal d'une mort annoncée ?

Je retiens donc l'attention de certains pour maintes raisons. Dans ce contexte un peu grisant, il me faut l'admettre, j'ai acquis, malgré moi, l'idée que je présente une réelle importance. Mais n'est-ce pas là une réaction banale et classique ? Lorsqu'on s'intéresse à vous avec insistance, vous quittez insensiblement le monde ordinaire. Par ailleurs, faire naître chez les autres de la sollicitude, même involontairement, génère inévitablement en vous une satisfaction, voire une forme de plaisir. Les humains sont particulièrement sensibles à la curiosité bienveillante et à la reconnaissance qu'on peut leur apporter. Pourquoi chez nous autres les plantes n'en serait-il pas de même ? Au risque de choquer, je tiens à affirmer que nous sommes nous aussi dotés d'une conscience. Certes elle ne fonctionne pas selon les mêmes lois que celle des humains mais nous n'en sommes pas dénués pour autant. Cette forme particulière de « conscience végétale » a enregistré l'intérêt que je pouvais représenter pour la société. De cette perception est née ma crainte de disparaître un jour sans héritier. En effet, si en raison d'une violente tempête ou d'une épidémie galopante et dévastatrice ou que sais-je encore, j'étais amené à devoir quitter notre bonne vieille terre, nombreux sont ceux qui seraient privés de leur matériel d'étude et d'observation. Ainsi ai-je été convaincu de la nécessité de ma pérennité au travers d'une descendance absolument conforme à ce que je suis.

Bien entendu la reproduction sexuée aurait pu m'apporter quantité d'enfants mais ils auraient été des hybrides entre moi et un partenaire et non pas des copies conformes. Seule la multiplication asexuée pouvait me permettre d'atteindre mon but mais elle n'est pas toujours simple à mettre en œuvre. A force d'attendre la solution, j'ai cruellement avancé en âge et le processus qui s'applique aux structures jeunes, s'est révélé irréalisable. Mais grâce à l'esprit frondeur et à la pugnacité d'un certain André, bien que délicat, mon rajeunissement a été obtenu avec succès. Dès lors ma filiation est assurée. Je dispose désormais de plusieurs exemplaires de petits platanes qui me sont en tous points identiques. Je ne peux plus maintenant me considérer comme un être particulier, isolé, centre d'intérêt de chercheurs. Non ! Je suis une entité sans particularité au sein d'un clone où aucun membre ne se distingue des autres. En assurant ma pérennité j'ai perdu mon unicité et mon statut de pôle d'intérêt. Quoi que ! A y réfléchir attentivement la situation peut s'analyser un peu différemment.

Rappelons-nous : c'est un de mes rameaux qui, après un rajeunissement long et fastidieux a donné naissance à ma descendance. Finalement ce ne sont pas des êtres nouveaux qui constituent mon clone. C'est moi et moi seul qui suis présent dans ces sujets. Aussi apaisant soit-il, ce point de vue engendre implicitement des questions. Puis-je encore, moi platane de Buffon me considérer comme un individu ? Mes copies font-elles ou non partie du même individu ? En tant que groupe, le clone constitue-t-il un unique individu ? Les mathématiciens spécialistes de la théorie des ensembles pourraient m'être utiles à ce niveau. Par ailleurs, si par accident, le seul avenir qui s'offre à moi est celui de servir de bois de chauffage, mes répliques prendront le relais sans que la moindre différence ne se manifeste entre le défunt et ses successeurs. Or, je viens d'établir que mes héritiers ne sont autres que moi-même. Par conséquent, je peux admettre que je vivrai indéfiniment avec mon tronc actuel ou celui de mes copies. En ce sens je me considère comme parfaitement immortel. Cette situation ne m'est pas personnelle : elle existe potentiellement chez tous les végétaux mais ne s'exprime que lorsque les modalités de multiplication végétative sont établies, ce qui n'est pas toujours aisé. C'est là une différence fondamentale entre les animaux et nous.

Aux yeux de beaucoup, la notion d'évolution s'applique de façon graduelle et hiérarchisée d'une salade à un ver de terre, puis à une tortue et à un cheval par exemple. Dans cette vision le sommet est occupé par l'Homme. Imbu de sa supériorité sur la totalité du monde vivant, celui-ci oublie simplement que son « évolution » ne lui a pas conféré des propriétés de la plus haute importance que l'on trouve pourtant chez les plantes jugées *a priori* et à tort comme moins évoluées. Ainsi mes cousins platanes des bords de routes, élagués tous les ans, amputés par cette intervention de la quasi-totalité de leurs branches, sont-ils capables de reformer de nouveaux rameaux et de retrouver leur silhouette. D'une manière générale cette faculté de restitution se retrouve chez tous les végétaux. Quel animal en est également apte ? En dehors du lézard pouvant reconstituer sa queue après sa perte ou des étoiles de mer susceptibles de remplacer un bras détruit, rares sont les espèces qui présentent des compétences pour remplacer un organe disparu. Bien entendu, en ce domaine, l'Homme ne fait pas exception aux autres animaux. En ce sens, on peut tout à fait admettre que les plantes représentent des êtres vivants particulièrement évolués et peut-être plus que les animaux. Pour continuer dans la même direction, j'ai déjà eu l'occasion de le montrer, les végétaux n'ont pas besoin des animaux pour vivre. En revanche la réciproque n'est pas vraie. Face à ce rappel de dépendance unilatérale, les tenants de l'évolution dont il vient d'être question, sont-ils toujours aussi convaincus ? Dans l'affirmative, faut-il évoquer à nouveau la potentialité d'immortalité du seul règne végétal ? A la lueur de tous ces éléments je me dois de me satisfaire grandement de ma condition.

Je n'ai aucune raison objective de me considérer comme inférieur à telle plante ou tel animal. Certes, à l'image de beaucoup de végétaux et d'arbres en l'occurrence, je présente de nombreuses différences avec eux, ce qui ne leur confère pas de suprématie pour autant. J'ai des propriétés supérieures dans certains domaines ; ils en ont eux dans d'autres registres. Par ailleurs il me semble établi désormais que je suis bien un être vivant. Les critères que l'on relève en moi à ce sujet diffèrent totalement de ceux pris en compte chez les animaux.

Enfin, ma succession est maintenant assurée. Je me dois de redevenir serein. Envisager l'éternité me troublait. En fait, à y bien réfléchir, ces problèmes ne se justifiaient guère. En effet, la mort si angoissante pour un être vivant, doit être considérée comme faisant partie de la vie. Elle en est en quelque sorte son point final. Dans ce contexte la vie doit être regardée avec intérêt parce que justement il y a la mort au bout et l'éternité perd alors une grande partie de son attrait. Mes angoisses n'ont plus aucune raison d'être. Le chemin sera sans doute encore long pour les effacer entièrement de mon esprit, parce que, vous l'avez compris j'en ai bien un, de nature, de constitution et de fonctionnement, là encore particuliers.

En me repiquant dans ce lieu exceptionnel, Buffon ignorait sans doute que deux siècles plus tard, toujours en vie, plongé dans l'anxiété du devenir, je parviendrais à retrouver progressivement la sérénité. Le personnel qui m'a choyé jusqu'à ce jour, les visiteurs admiratifs, les scientifiques attachés à expliquer nos modes de développement, ont tous contribué à apaiser mes troubles psychiques. S'il pouvait revenir sur cette terre, Buffon serait probablement surpris de ces quelques pages. Dans les 36 volumes de sa monumentale « Histoire naturelle », il ne traite en effet que des minéraux et des animaux qu'il limite d'ailleurs aux quadrupèdes et aux oiseaux. Les plantes qu'il installe dans ce Jardin des Plantes ou dans sa propriété bourguignonne de Montbard ne retiennent pas autant son attention de naturaliste. Alors de là à ce qu'il imagine que l'une d'entre elles puisse avoir une activité psychique, il y a un fossé vraisemblablement infranchissable pour lui à l'époque. Cependant, je refuse absolument de joindre ma voix à celles de d'Alembert, de Condorcet, de Voltaire ou de bien d'autres encore qui ont attaqué Buffon à qui je dois la vie. Après tout s'il réapparaissait aujourd'hui, l'intellectuel, le biologiste, le philosophe et l'écrivain qu'il est, se passionnerait pour les acquis scientifiques actuels. Ainsi il serait amené de toute évidence à corriger son appréciation du monde vivant. Irait-il jusqu'à ajouter quelques volumes à l'« Histoire naturelle » ? En rédigerait-il un à propos des pensées des arbres ? En composerait-il un relatif aux dires et écrits des plantes ? Nous errons là en pleine fiction mais n'est-ce pas déjà ce que je fais depuis que j'ai entrepris d'étaler publiquement et au grand jour mes angoisses ? Il est temps pour moi de redevenir réaliste, de m'effacer et de laisser aux humains le plaisir de se délecter de leur suprématie sur la communauté vivante. Et pourtant … »

Romans et nouvelles d'Europe

aux éditions L'Harmattan

Dernières parutions

À TRAVERS UNE MEURTRIÈRE
Roman psychanalytique
Anne Durand
Écouter ces trois femmes qui ont tué, essayer de mettre en récit « ce qui s'est passé » cela veut dire... être porté soi-même jusqu'à ce point, ce lieu, cette « meurtrière » ce risque autour duquel chacun de nous se façonne. La rencontre de l'autre en sa folie, un étrange détour aussi au fond de soi.
(Coll. Rue des écoles, 14 euros, 111 p., mai 2015)
EAN : 9782343062327 EAN PDF : 9782336381695

AUTOMNE À BERLIN
Roman
François Benaltini
Berlin 1961. Une ville, un peuple, deux États ; Alexander a 4 ans lorsque sa mère décide de passer avec lui en Allemagne de l'Ouest. Quelques jours plus tard, dans la nuit du 12 au 13 août, un mur de barbelés s'abat sur Berlin ; des millions d'Est-Allemands se retrouvent soudain pris au piège. Parmi eux, le père d'Alexander...
(Coll. Amarante, 19 euros, 204 p., mai 2015)
EAN : 9782343058566 EAN PDF : 9782336381060

UN BOUQUET DE BRUYÈRE
Roman
Alain Parodi
Un soir d'été dans les Cévennes ardéchoises, sauvages et tranquilles, deux randonneurs ne finiront pas leur nuit sur la plage d'une rivière sous le vieux Pont de la Brousse. Le meurtre et le viol l'abrègeront trop vite. Mais il y a un témoin. Qui ne parlera pas, mais avouera à un confident les raisons intimes de son silence. Ce sera son tour de porter le secret, d'en subir les tourments, pris dans les nasses de son indécision. Un roman sur le silence, la justice où se croisent les vérités humaines de personnages simples à la part d'humanité complexe.
(20,5 euros, 210 p., mai 2015)
EAN : 9782343048796 EAN PDF : 9782336376233

CE TEMPS DES CERISES
Roman
Yvan Lissorgues
L'histoire d'une humble famille ouvrière, avec ses bonheurs et ses heurts, captée dans le regard de Paul, vieux et actif militant communiste, en proie au désenchantement, à la suite des événements de Mai 68. Après avoir suivi le dogme efficace, mais dangereux «du Parti qui a toujours raison», Paul se sent grandi de voir qu'il est capable de penser par lui-même, mais s'en trouve désemparé, avec

dans le cœur «une plaie ouverte», comme dit la chanson populaire «le temps des cerises» chantée ou fredonnée en divers moments du récit.
(Coll. Écritures, 27 euros, 328 p., mai 2015)
EAN : 9782343054513 EAN PDF : 9782336381640

CHOPIN, LES CIVILS ET MOI
Roman
Marie-Véronique Gauthier
Ce livre fait suite à *Chopin, la Guerre et moi*, et poursuit les amours de cette jeune collégienne tout juste sortie de la Légion d'Honneur, éperdument éprise de Chopin, qu'elle appelle Frédéric, et de son œuvre. 1968, lycée des Vertugadins. Isabelle ne se moque pas d'elle, quand elle fait la révérence lors d'une interro orale. Isabelle est la seule à comprendre que, saoule de joie, son amie pleure en écoutant les deux Concertos de son Amour, ou se chagrine de ne pas savoir jouer correctement l'»Étude révolutionnaire» de Frédéric.
(Coll. Rue des écoles, 12,5 euros, 112 p., mai 2015)
EAN : 9782343063126 EAN PDF : 9782336381701

LA CLEF DES PORTES CLOSES
Roman
François Winling
Ce cinquième roman, sensible et émouvant, de François Winling est dédié au lieutenant Marcel Thomas, tué dans la nuit du 27 au 28 août 1914. Son corps, comme des milliers d'autres, n'a jamais été retrouvé. Les deux héros de ce livre, André Dermon et Jacques Déchamp, auraient pu être ses camarades. Ce récit de la recherche par une jeune femme des circonstances de la mort de son grand-père tué au combat est intemporel : de tout temps les guerres détruisent les corps comme les âmes et bouleversent les familles.
(Coll. Écritures, 19,5 euros, 216 p., mai 2015)
EAN : 9782343063935 EAN PDF : 9782336381893

DÉLECTATION MOROSE
Roman
Anne Journel
En déménageant dans le Perche, Rachel pensait être à l'abri. C'était sans compter sur le hasard. Au cours d'un dîner, elle se retrouve soudain face à Alexandre, un ami qu'elle n'avait pas revu depuis son départ. Paniquée, elle fuit. Mais pourquoi veut-elle échapper à son passé ? Que s'est-il passé il y a trente ans ? Comment peut-on se cacher aussi longtemps ?
(22 euros, 265 p., mai 2015)
EAN : 9782343061399 EAN PDF : 9782336379968

DES JOURS ET DES NUITS
Récit
Marie Gardien-Rougier
«Ma mère est morte le 7 septembre...» Une femme parle à la première personne. Autofiction autour de la perte, un père taiseux né en 1900, une mère épicière débordée...Un labyrinthe de vingt-trois textes courts et un prologue, dans la même tonalité pour une voix nue. Le temps n'a pas de prise et il n'y a pas de hiérarchie pour la mémoire. Elle parle de la langue qu'elle a choisie, elle dit le

prévisible et l'inattendu. La vie ordinaire et têtue. Tout est là au présent, autour d'elle, à fleur de sensibilité.
(Coll. Écrits 21, 13 euros, 118 p., mai 2015)
EAN : 9782343063089 EAN PDF : 9782336381855

DU SANG DANS LE MAQUIS
Une tragédie corse
Gérard Estragon
Deux familles mafieuses sévissant en Corse décident d'arrêter de s'entretuer et de conclure une paix des braves. Il est préférable de gérer à l'amiable les affaires immobilières et autres juteux trafics protégés par des politiques corrompus que de se livrer à une stérile guérilla. Le plan de paix échoue. Un règlement de comptes impitoyable va opposer de jeunes hommes ivres de vengeance décidés à défendre leurs «familles» respectives.
(20,5 euros, 232 p., mai 2015)
EAN : 9782343062082 EAN PDF : 9782336380643

EN APPARENCES
Nouvelles
Hervé Cellier
Qu'ont en commun un chat vengeur, des visages aperçus dans le métro que l'on croit reconnaître, une photo qui ravive la guerre d'Algérie ou encore un problème de CM2 ? Rien en apparence. Dix nouvelles déclinent d'aveuglantes apparences. Celles qui mettent à nu nos faiblesses et font sourire parfois.
(12 euros, 104 p., mai 2015)
EAN : 9782343057774 EAN PDF : 9782336372013

ENTRE
Roman
Anne Vaillant
Mathilde, Isabeau, Claire, Mariette, Laurence et France, autant de vies qui se croisent sans se toucher, qui se mesurent sans se rencontrer, leurs priorités étant trop différentes, voir même opposées. Chaque destin est lié de près ou de loin à l'histoire d'une famille ancestrale dont les racines transmises par la terre sont portées par Jocelyn, le maître des lieux. Il les enferme dans le silence pour ne pas qu'elles soient rompues. Mais survivront-elles à sa mort ?
(12 euros, 100 p., mai 2015)
EAN : 9782343060811 EAN PDF : 9782336381022

L'HOMME QUI VOULAIT ENFANTER
Raoul Garnier
Préface d'Emmanuel Gratton
R.G., homosexuel septuagénaire, est tenaillé jusqu'à l'obsession, voire jusqu'au délire, par le désir d'enfanter. Lui qui a aidé ses étudiants à accoucher d'eux-mêmes, qui a mis au monde des livres, reste sans descendant à un âge où l'on est grand-père. Il sollicite son ami Killian – lui-même père – pour l'accomplissement de son vœu. Après moult résistances, Killian l'exauce : il donne sa semence. R.G. tombe enceint... mais de quoi ? De qui ? Comment ? Ce roman met en scène une situation subversive et transgressive de l'ordre naturel et social.
(Coll. Vivre et l'Ecrire, 17,5 euros, 182 p., mai 2015)
EAN : 9782343060675 EAN PDF : 9782336379197

LETTRE À L'ABSENT

Laurence Leguay

À travers ces pages, Laurence Leguay nous invite à un voyage dans le temps et sur les lieux de la mémoire, redonnant une place à l'absent parti rejoindre le 25e régiment d'infanterie, avec tous ceux de Saint Vaast-La Hougue et ne jamais revenir du charnier de ce qu'on appelle la Grande Guerre, celle de 1914-1918.

(Coll. Encres de vie, 11,5 euros, 72 p., mai 2015)

EAN : 9782336308388 EAN PDF : 9782336381718

UNE LIGNÉE DE VERRIERS AU XIXe SIÈCLE

Itinéraires de petits-bourgeois

Christiane Dufourcq-Chappaz

Duché de Savoie : un village de verriers, où le regard ne dépasse guère le château et l'église, entre dans le tourbillon d'un XVIIIe siècle finissant. La tourmente révolutionnaire de 1789 provoque de profonds changements dans la vie de François et entraîne le départ de l'un de ses fils pour Bordeaux. Le jeune Philibert s'efforce de mener à bien ses projets de verrerie dans cette ville où règne la dure loi du commerce et où la position sociale acquise reste fragile.

(Coll. Romans historiques, 27 euros, 323 p., mai 2015)

EAN : 9782343057262 EAN PDF : 9782336380056

LE MÉTAL DU DIABLE

Bernard Moulenes

Bernard Moulènes remet en scène Jean Massenaud (le personnage de son roman *Carnaval à Mindelo*, 2012) débutant dans la carrière. Il nous entraîne dans une enquête haletante au Niger, en Turquie, puis en Nouvelle-Calédonie. Sa mission est de faire respecter le droit international dans la recherche et l'exploitation des ressources minières. Réfléchi et prompt à l'action, l'agent Massenaud ne devrait pas décevoir, mais serait-il sensible à l'odeur de parfum légèrement musqué que laisse derrière elle une jeune femme au charme énigmatique.

(Coll. Rue des écoles, 17 euros, 168 p., mai 2015)

EAN : 9782343062938 EAN PDF : 9782336382005

L'OR DE LA MISÈRE

Roman

Sylvie Bourgouin

Olga descendit rapidement les marches de la station de métro Mirabeau, admira la perspective et les lignes de fuite qui l'été, quand la ville se vidait, donnaient à Paris le modelé d'une ville américaine, puis elle s'engouffra dans le tunnel d'une nouvelle vie, appliqua la face violette de son pass Navigo sur la borne et força le passage, elle poussa de ses mains l'ouverture du portillon automatique...

(Coll. Écritures, 22,5 euros, 280 p., mai 2015)

EAN : 9782343054667 EAN PDF : 9782336376325

L'HARMATTAN ITALIA
Via Degli Artisti 15; 10124 Torino
harmattan.italia@gmail.com

L'HARMATTAN HONGRIE
Könyvesbolt ; Kossuth L. u. 14-16
1053 Budapest

L'HARMATTAN KINSHASA
185, avenue Nyangwe
Commune de Lingwala
Kinshasa, R.D. Congo
(00243) 998697603 ou (00243) 999229662

L'HARMATTAN CONGO
67, av. E. P. Lumumba
Bât. – Congo Pharmacie (Bib. Nat.)
BP2874 Brazzaville
harmattan.congo@yahoo.fr

L'HARMATTAN GUINÉE
Almamya Rue KA 028, en face
du restaurant Le Cèdre
OKB agency BP 3470 Conakry
(00224) 657 20 85 08 / 664 28 91 96
harmattanguinee@yahoo.fr

L'HARMATTAN MALI
Rue 73, Porte 536, Niamakoro,
Cité Unicef, Bamako
Tél. 00 (223) 20205724 / +(223) 76378082
poudiougopaul@yahoo.fr
pp.harmattan@gmail.com

L'HARMATTAN CAMEROUN
BP 11486
Face à la SNI, immeuble Don Bosco
Yaoundé
(00237) 99 76 61 66
harmattancam@yahoo.fr

L'HARMATTAN CÔTE D'IVOIRE
Résidence Karl / cité des arts
Abidjan-Cocody 03 BP 1588 Abidjan 03
(00225) 05 77 87 31
etien_nda@yahoo.fr

L'HARMATTAN BURKINA
Penou Achille Some
Ouagadougou
(+226) 70 26 88 27

L'HARMATTAN SÉNÉGAL
10 VDN en face Mermoz, après le pont de Fann
BP 45034 Dakar Fann
33 825 98 58 / 33 860 9858
senharmattan@gmail.com / senlibraire@gmail.com
www.harmattansenegal.com

L'HARMATTAN BÉNIN
ISOR-BENIN
01 BP 359 COTONOU-RP
Quartier Gbèdjromèdé,
Rue Agbélenco, Lot 1247 I
Tél : 00 229 21 32 53 79
christian_dablaka123@yahoo.fr

Achevé d'imprimer par Corlet Numérique - 14110 Condé-sur-Noireau
N° d'Imprimeur : 130643 - Dépôt légal : juillet 2016 - *Imprimé en France*

www.ingramcontent.com/pod-product-compliance
Lightning Source LLC
LaVergne TN
LVHW010949061026
849535LV00006B/1643
* 9 7 8 2 3 4 3 0 9 8 0 7 4 *